Rich致富79

無口才銷售力

營業マンは「ロベタ」を武器にしなさい

阿奈靖雄◎著
（Yasuo Ana）
廖彥嵐◎譯

英屬維京群島商高寶國際有限公司台灣分公司
高寶國際集團

Rich致富館079

無口才銷售力 營業マンは「ロベタ」を武器にしなさい

作　　者：阿奈靖雄Yasuo Ana
譯　　者：廖彥嵐
書系主編：張啟淵
編　　輯：江麗秋
出 版 者：英屬維京群島商高寶國際有限公司台灣分公司
Global Group Holdings, Ltd.
聯絡地址：台北市內湖區新明路174巷15號1樓
網　　址：www.sitak.com.tw
電　　話：(02) 27911197 27918621
電　　傳：出版部　(02) 27955824　行銷部 (02) 27955825
郵政劃撥：19394552
戶　　名：英屬維京群島商高寶國際有限公司台灣分公司
初版日期：2005年8月
發　　行：希代書版集團發行/Printed in Taiwan

國家圖書館出版品預行編目資料

無口才銷售力 ／ 阿奈靖雄著；廖彥嵐譯. --
臺北市 ： 高寶國際出版；希代發行，2005[民94]
面；　　公分. -- (Rich致富館；79)
譯自：營業マンは「ロベタ」を武器にしなさい
ISBN 986-7323-52-1 (平裝)
1. 銷售
496.5　　94011358

〈前言〉

正因為口才不好，才能成為優秀業務員

被稱為「銷售高手」的業務員都有一個共通點。

也許大家會覺得意外，他們幾乎都不擅言辭。

他們的交涉手腕不見得厲害，卻有很亮眼的銷售成績。

「舌粲蓮花」而辯才無礙的業務員，其實不受客戶歡迎。這種業務員很會說話，所以總是一直說個不停。

這就是問題所在。一直說個不停，以「說服」對方這點來看，反而沒有幫助。至於原因，就是自顧自的說話，太過自我了。這樣一直說個不停，無法引起對方的興趣。

有些客人會覺得太過自信的業務員，聽起來好像是騙人的。甚至有些客人還會因為對方太會說話，而不想買東西，因為沒有說服力。

跟那種業務員比起來，口才不好的業務反而比較有說服力。

就因為不太會講話，對方會比較注意聽。如果外國人努力說著不流利的中文，我們會注意聽，這跟那個道理是一樣的。

在業界有個說法──「越想推銷出去的商品，越賣不掉」。

心裡只想著要推銷商品，就會一直講個不停。於是，你的推銷反而會讓人覺得討厭，對方會有「我可不想被強迫推銷」的反感。

在物質充裕、消費低迷的現在，這種狀況更明顯。如同泡沫經濟時，並非能簡單談成一件案子一樣。

所以，重點在於「不要光只想推銷產品，而應以『信賴』作為業務的賣點」。

如果能讓客戶產生「這個業務員雖然口才不好，卻是可以信賴，就跟他買吧」的想法，就是「銷售高手」。

客戶常會觀察每個業務員的說話方式。「這個業務員太油腔滑調了，沒什麼誠意，只會耍嘴皮子，好像不太可靠」，若是讓客戶有這種感受，就是不合格的業務員。

推銷商品時，若是業務員心裡想著「只做這次生意」，那這個業務員一定不會成功。

因為他們會認為「關心已經購買過產品的客戶，不能提升業績，不如好好尋找下一個新客戶」。

也就是說，他們吝於對舊客戶做任何售後服務。通常口才好又精明的業務員，並不在乎舊客戶。

口才不好的業務員，好不容易談成生意，更會珍惜得來不易的客戶。售後服務當然一點也不馬虎。

像這類口才不好的業務員，更會努力與舊客戶建立不可動搖的信賴關係。因為有這樣的信賴關係，舊客戶會不斷幫他介紹新客戶。

所以他的業績總是很好。

有鑑於此，我將「口才不好」的特點視作武器，整理出銷售高手的51則祕訣。

請隨身攜帶本書，反覆閱讀。如果只是草草讀過，無法學會成為銷售高手的訣竅。

我再說一次。

請隨身攜帶本書，反覆閱讀。康莊大道必為您而開。

阿奈靖雄

二〇〇四年四月

目錄

第1章　正因為口才不好，才能成為「銷售高手」

Contents

第2章　某句話、某種態度可以改變客戶的想法

Contents

第3章　要如何用言語掌握客戶的心

第4章　脫離危機的心理戰術

Contents

第5章　口才不好，所以要利用這種手法

Contents

第 1 章

正因為口才不好，才能成為「銷售高手」

1 將內向的個性變成「賣點」

「內向、又不擅交涉的個性……」

有不少業務員常會有「我口才不好，無法流暢地談生意」、「因為個性內向，常被對方打斷話題」、「反正我就是不擅長交涉」之類的沒自信想法。

的確，一個人的個性最容易在交涉時顯露出來。平日木訥，常被打斷話的人，要他突然變得強勢是不可能的。

那麼內向、不擅言語的業務，要如何面對交涉呢？

要自我暗示自己「我很會交涉」，還是參加讓自己變強勢的自我啟發課程，來改變自己的個性呢？

其實沒這個必要，不用勉強改變自己。

而且，自己也沒有那麼容易改變。

無須強迫自己成為說話高手

口才不好的人，不用勉強自己成為說話高手。

不如努力學習傾聽對方的話。

容易被打斷話的人，不用刻意強迫自己回話，保持原來的樣子就好。

當然也有口才很好的業務員，靠著口才做到很好的業績。

跟很會說話的業務員相反，也有個性木訥、口才不好的人，成為頂尖的業務員。

重要的是如何將自己的個性變成「自己的特點」。不要認為口才不好、不夠強勢是缺點。

只要把「傾聽」或「誠實」的特性，轉變成你的「賣點」就好。

會不會交涉，與本身的個性無關。並非口才不好的人就不行，口才很好的人就可以交涉成功。

「低姿態的對話」很重要

所謂的商業交涉，若單純以「勝負」來看的話，勝負心強的人或許較有利。個性強勢的人也許比弱勢的人有魄力，也比較容易成功。

不過，商業交涉這種事，並不是用「勝負」來斷定一切的比賽。當然也不是「吵架」，不能單方面輸給對方，或是強勢地想要對方照你的意思做。

因為你的交涉對象，通常是以後要長久維持合作關係的夥伴。

換句話說，商業交涉並不是交涉一次就結束，它是持續性的關係。

認為交涉是「勝負」而贏得交涉的人，強勢的態度會讓自己與客人之間的信賴關係產生裂痕。所以，表面上是他贏了，但以長遠的眼光來看，其實他輸了。

因此，「勝負心強的人」或是「強勢的人」，稱不上交涉高手。「低姿態的對話」很重要。

交涉並不是「眼前的勝負」。

★成為銷售高手的法則❶

強化自己的個性。

讓口才不好或是怯懦的個性變成「賣點」。

2 先成為「傾聽高手」吧

說話？或是讓對方說話？

口才不好的人不用刻意變成說話高手，只要先成為「傾聽高手」就好。

心理學上有個「抒發療法」的用語，意思是藉由說話，讓自己的情緒得以「抒發」的療法。

也就是將自己心中的想法一吐為快。

不少大企業或中小企業的社長會雇用算命師。為何企業的社長要找算命師商量呢？

其實高階經營者是很孤獨的。以他的立場，不能將自己的困擾或真心話跟自己的員工說，也沒有辦法跟身旁的人訴說自己真正的想法。

但是，如果面對占卜師，狀況就不一樣了。他可以藉由著「你來幫我算一下吧」的名目，跟對方傾訴。這時候說出真心話，也不會傷及他的自尊心。只是單純以一個煩惱的男人（女人）立場，完全抒發出自己的煩惱，這就是剛剛說過的「抒發療法」。

藉由占卜師宣洩自己的情緒。在傾吐的時候，或許還會找到自己未發現的自我。

以「他和我一樣有著同樣的困擾」的態度傾聽

不只高階經營者，對於有煩惱的人，都必須先學會成為「傾聽者」。

因此，不擅言語的業務，就要扮演好傾聽的角色。

另外，只是聽對方說話，也有很大的幫助。

聽對方說話，或許會發現「原來這個人和我有同樣的困擾啊」、「原來他的想法跟我差這麼多啊」。

有時候對方說的話，會強烈的刺激到你，讓你有所啟發。

現在有很多人比較自我中心，喜歡單方面發表自己的意見。在這種時候，一個好的傾聽者，比較容易給人好感。

不妨以「原來如此，也有這樣的看法啊」來回應

在此介紹幾項如何成為傾聽高手的重點吧！

最必須注意的一點是，對方說出跟你不一樣的看法時，不可以立即反駁他。

絕對不能打斷對方、提出否定的意見，這樣等於是說「我根本聽不下去」，也等於是叫對方閉嘴，對方會覺得你很有敵意。

這樣是無法成為一個好的傾聽者。對方說了很奇怪的話時，不妨用「原來

如此，也有這樣的看法啊」來回應。

俗話說「聞一知十」，頭腦轉得快的人，只要稍微聽一下對方說的話，就會立刻說「我了解了」，也有可能說「原來是這樣啊」，打斷對方的話，這樣也不行。

要尊重對方，從頭到尾聽完對方說的話，才是好的傾聽者。

不擅言語的人，比較容易跟人交心。

因為自己口才不好，所以會仔細傾聽對方說的話。口才不好的業務員，比較容易博得對方的好感。

★成為銷售高手的法則②

傾聽的重點在於從頭到尾聽完對方要說的話。

3 仿效優秀業務員，也可以讓工作順利

試著改變以前的做事方法

業務員推銷商品時，常會被客人拒絕「不需要、不想買」，有人因此沮喪地認為是自己口才不好才做不成生意。

不過，十個業務員就有十種不同的作法。把自己的作法當成特色，也是一種方法。

但是，業績不佳的業務員，或許是作法不妥，才不會有好的業績。所以，若是一直維持目前的作法，業績是不會改善的。

因此，必須要改變以往的做事方法。要怎麼改變呢？在此介紹幾個有效的方法。

仿效傑出業務的作法

最有效的方法，是參考那些「業績好、能力強的業務員」的作法，就是試著模仿他們。

可以把業績好的業務員的作法，當成真實的參考書，好好活用。

如果周遭沒有可仿效的對象，可以試著在本書中學習。

我想大家都知道帕雷特法則，其中有一條「二・六・二法則」。我們可以用這個法則簡單劃分業務員。

業績很好的優秀業務員佔兩成，業績很差的業務員也佔兩成，另外六成是成績不好也不差的「普通業務員」，這就是二・六・二法則。

對公司而言，如何提升六成「不好也不差的業務員的業績，是今後的課題。

所以，應該要讓六成的「普通業務員」學習另外兩成「優秀業務員」的成功祕訣。

但是，一般而言，優秀的業務員不太喜歡跟別人分享自己的訣竅。所以，以公司的立場來看，必須建立讓全公司分享「優秀業務員」訣竅的「共享」系統。

仿效後，用自己的方式運用

比如說，要對業務員作社內教育訓練時，可以把「任務」交給優秀的業務員。

讓他們親自傳授自己成功的祕訣。如果有成果，也應給予相對的報酬跟提拔。

像這樣建立全公司的「暢銷體制」非常重要。在高爾夫球或棒球等運動中，還是新人時，也常模仿資深球員的技巧，讓自己更上一層樓。

以自己的方式去做，難免會有瓶頸。

所謂「欲速則不達」，若由有經驗的人來教基本的知識，則會進步神速。

雖說如此，一味模仿也會遇到瓶頸。隨著自己的成長，應該要找出屬於自己的「運用技巧」。也就是說，融會貫通「仿效」的內容，創造並實踐自己的一套方法。

重要的是「基礎」。

有基礎之後，再熟練運用自己的「運用技巧」，才能走向「優秀業務員」之路。

★成為銷售高手的法則③

仿效兩成「優秀業務員」的做事方法，
對工作必有所幫助。

4 說話時，試著使用肢體語言吧

別只流於追求「說話的技巧」

與歐美人士相較，日本人說話時不太會將手勢融入對話中。或許是覺得說話時使用手勢很做作，才不會做動作吧。

一般坊間有關會議簡報或交涉手段的書籍，幾乎也只針對「說話的技巧」做講解而已。

但是，說話技巧是與生俱來的。擅長說話的人，天生講話就很流暢。天生口才不好的人，恐怕就無法暢所欲言了。

因此，口才不好的人，說話時應該加一些手勢。口才不好的業務員應該把肢體語言當成武器。

肢體語言可增加說服力

作簡報不只是說話而已，應該要適度地使用肢體語言。

例如在談到「有三個重點」的時候，就順手比出三的手勢。此動作可吸引對方的注意，立即了解「原來如此，有三點啊」。

在談到整理後的三點內容時，語氣要有抑揚頓挫，這樣更能增加說服力。

在簡報中強調「此商品的營業額目前正在成長」的時候，若能附帶右手從左下往右上移動的動作，可讓對方在視覺上留下「原來這個商品的營業額正在成長啊」的印象。

肢體語言的使用範圍非常廣泛。

在形容某一形狀或質感時，也可發揮肢體語言的威力。

例如，在談到直徑六十公分大的東西，只說「此東西直徑有六十公分之大」，就缺乏表現力。若可以用雙手表示出六十公分的大小，則讓聽者留下視覺上的印象，確實地讓對方了解。

重要的部分加深對方的印象

想強調自己說的話時，加入肢體動作效果會更好。

例如，將五指併攏做出「手刀」的形狀，在您想強調的內容中，就可以加入「手刀」的動作。

政治家在演講時常會擺出此種動作。這個揮動手刀的肢體動作，可以在講話提到重點時，讓人留下深刻的印象。

五指併攏，雙手伸開的動作，會讓對方覺得你說話時很有自信。

銷售商品時，在談到「這裡是重點」時，也可加入一些肢體動作，讓對方覺得你有自信而誠懇。

作簡報或交涉時，光用語言無法達到效果。必須要加入你的表情、聲音的抑揚頓挫、肢體動作才行。

實驗數據指出，成功的溝通，「語言」只佔7％，另外表情、聲音、肢體動作之類的「非語言」則高達93％。

能活用非語言的人，即是說話高手。

★成為銷售高手的法則❹

溝通的93％勝負在於音調和肢體動作上。

5 長時間的會談，不如短時間的親自拜訪，更能展現誠意

對方不會慢慢聽你說話

我有一位朋友叫K先生，他是個不折不扣的花花公子。他談及為何他受女性歡迎的祕訣全在於「誠意」。因此我也問了很多女性友人的意見。

正如K先生所言，能不斷釋放「誠意」的男性，會讓女性覺得他很「體貼」。所以大多數的女性都認為「誠意」才是受歡迎的重點。

這種心理，不只能運用在追求女性。

做生意時，也可好好活用這種表現「誠意」的方法。

K先生的職業是保險業務員。K先生說，要談到團體保險的契約，要親自拜訪對方公司社長或是重要人物。

但是，每一間公司的社長都是大忙人，沒有辦法慢慢聽業務員說話。所以，一般的業務員，只要有機會見到對方，就會想「怎能錯失這麼難得的機會」，而緊緊纏住對方。

對方會覺得「真想早點結束」

不過，為了不被業務員纏住，對方的社長會想趕快結束談話。即使會聽你說話，但是，心裡卻會不耐煩地想著「真想早點結束」。

此時，像K先生這樣的「優秀業務員」，會掌握先機。在對方產生「真想早點結束」的想法前，他會提早結束話題而先離開。

若以高爾夫球來比喻，就是不先打遠球，而是慢慢地推桿，紮實地打穩每一個球。

換句話說，見面的時間很短也沒關係，只要增加見面的次數就好。

在多次展現誠意的會面後，對方也會認為「這位業務員真熱心」，而開始對你產生興趣。

人的心理很不可思議，只要一直做一樣的事，就會在對方心裡烙下「痕跡」。

掌握先機，趁早結束

只要多見幾次面，等彼此間熟悉之後，關係必能更進一步。

以業務員的角度來看，只要打動對方的心，交涉就會很順利。

為了展現小小的誠意，這樣短時間的頻繁會面，看起來似乎很沒效率。但是，這卻是很有效的方法。

祕訣是雙方會面時，要掌握先機，早點結束話題。

另外還有一個重點。

話題要中斷得恰到好處，在適當時機停下來，問對方的時間是否方便。

例如說「您時間上方便嗎」確認對方的時間。若對方回答說「再談十分鐘應該是沒問題」，你就一定要在十分鐘內結束會談。

長時間纏著對方會造成他的困擾。

我再說一次，不太能長時間會談的業務員，即使是短時間也好，只要增加會面的次數，一定可以打動對方的心。

未來的路將從此展開。

★成為銷售高手的法則⑤

只要多見幾次面，

等彼此間熟悉之後，關係必能更進一步。

6「展現誠意」遠勝於犀利的商業交涉

讓對方感受你的誠意

什麼類型的男性較受女性的歡迎呢?似乎很多人會認為又高又帥,頭腦好的男性比較吃香吧。

其實不然,外表沒有太大的關係,畢竟帥氣的男性也沒有很多。之前也有提到,誠懇的男性比較受歡迎。比如很有誠意地打電話給對方、約對方,或是很誠意送對方禮物等等,或是認真聽女生訴說煩惱及抱怨。

像這樣表現誠意,能讓對方覺得「他真的很在乎我」。以女方的角度來看，會有「他很重視我」的感覺，而覺得很高興。

我以男女之間的關係為例，不過，在商場上的人際關係也是一樣的。

別讓對方覺得你「只想賣我東西而已，毫無誠意」

第一次見面時，不管表現得多熱情，如果後來沒有動作，等於沒用。第一次見面，就要對方立刻信任你，根本是不可能。

雙方的信賴關係不是一夕之間就可以建立的。平常如果沒有足以讓對方信任的言行舉止，對方不會相信你。

例如，客戶訂完貨，過了一兩週，都沒有接到業務員關心的電話，這時客戶可能會認為「這個業務員只想賣我東西而已，毫無誠意」。

出完貨的後續關心動作，是建立與客戶間關係的重要行為。

不過，站在業務員的立場來看，也許無法一直處理舊客戶的事，應該要開發新的客戶才對。這很現實，卻也是事實，買過東西的客戶也能了解。

因此，如果有後續的關心動作，威力會很驚人喔！

「業績好的業務員」與「業績不好的業務員」差別在哪？

「業績好的業務員」會適時撥電話（傳真、電子郵件）關心客戶。有些公司的業務部和商品部是分開的，在這種情況下，出貨之後，業務員一定會打個電話關心一下狀況。

「您收到的商品有沒有問題？」過一個禮拜之後，再度詢問：「後來還有沒有問題？」一個月後、三個月後，都會很認真地做後續關心的動作。

這就像前述的男女關係一樣，只要認真關心對方，客戶一定會認定你是一位不怕麻煩的好業務。有些客戶還會因此幫你介紹新客戶。

「業績好的業務員」與「業績不好的業務員」只差了這麼一通電話。

從與舊客戶間的信賴關係，會慢慢地衍生出無法預測的商機。舊客戶的介紹比自己開拓新客戶更有效果。

想要成為「業績好的業務員」與「受歡迎的業務員」，最重要的是「誠意」。

★成為銷售高手的法則⑥

只要一通電話，
即可建立與舊客戶間的信賴關係。

7 只要善於回饋，就可拉近和客戶的距離

在提案、改善、再提案的過程中，獲得對方的認同

交涉時，要讓對方說出「YES」的祕訣，在於不厭其煩地說明。

第一次的說明若被駁回，就針對問題點提出改善對策，再作說明。然後不斷地重複這種動作。

如果對方一開始就說「NO」，謹記住對方說「NO」的理由，然後改善問題點，提出比上次更充實的提案內容。

如此一來，對方會覺得「你很認真在改善提案」而對你重新評價。

即使被拒絕一次，也不用沮喪。如果中途放棄，好不容易得到的交涉機會就泡湯了。

不斷地提案、改善、再提案……之後，一定能讓對方說「ＯＫ」。

不可能毫無失敗就成功，要不斷地挑戰，最後才能成功。

這次的成果關係著以後的發展

在不斷地交涉之下，終於拿到訂單了。此次的商談，對方也很滿意。雙方都得到滿意的結果，真是可喜可賀。

但是，這個時候可不能乘機偷懶喔，因為這次的結果關係著以後的發展。就是後續關心動作。

交涉成功後的後續關心動作跟交涉一樣重要。

所謂的交涉，不是一次或兩次就能談定。像保險或房屋仲介的業務員，就是其中一例。

你可能常親自登門拜訪客戶，還打很多電話說服他。好不容易，生意談成了，也簽訂了契約。

這時候，被你說服、好不容易答應購買的客戶，是抱著「施恩」的態度，表示「我已經買了」的「施恩」態度。

所以，客戶也很期待業務員到底會有什麼「回饋」。因此，業務員一定要回應客戶的期待。

之前的努力付諸流水也沒關係嗎？

比如說寄一張謝卡（傳真、電子郵件），說「上次真謝謝您」，或是打電話問看看「後來商品有沒有問題」，這都是對客戶的回饋。

明信片（傳真、電子郵件）或是電話都可以，最重要的是要直接讓對方感受到你的「回饋」。

如果沒有適當的「回饋」，對方會覺得你「只想賣東西，毫無誠意可言」。這麼一來，你之前的努力會付諸流水。

也有止於一次的交易。不過，幾乎所有的交涉都關係著未來的發展，有一就有二。

在交涉決裂時，更應該做好後續動作。即使是一張明信片也好，不能中斷彼此間的來往，要繼續保持聯繫。

口才不好的業務，只要「善於回饋」，就可拉近和客戶的距離。

★成為銷售高手的法則⑦

維持彼此間長久的關係，
謝卡、傳真、電子郵件不能斷。

8 業務要從被拒絕開始

大家幾乎都不想買，怎麼辦？

所謂業務的工作，並不是只有賣商品給想買的人而已。

特別是在做拜訪推銷時，第一次被推銷的人幾乎都沒有購買的意願。經過了一次、二次、三次拜訪後，大概在第四次，終於「決定要買了」，產生很大的變化。像這樣的例子屢見不鮮。

以下針對兩點作說明。

第一點，拜訪推銷的目的是「為了下一次的拜訪」。

第一次拜訪，就急著「賣商品」，這種想法太天真了。第一次見面，對方多半對業務員存有戒心，沒那麼簡單就能賣出商品。除非是客戶本來就想買，親自到賣場詢問。

如果不是這種情況的話，第一次拜訪，客戶多半不會買。因此，第一次拜訪時，只要稍微介紹一下就好。「這個業務員不會死纏爛打」，這樣反而會給對方留下好印象。

一次拜訪就能賣出商品？不可能

第二點，就是第一次拜訪要讓對方「認同你的人品」，即使口才不好也沒有關係。有句話說「業務要從被拒絕開始」，才拜訪一次就要對方買下商品，根本不可能。

順便告訴大家從第一次拜訪到簽約，大概要花多少時間。汽車銷售是三．五次，房屋仲介是五．二次，人壽保險是三．八次，ＯＡ設備是八．八次。

以上的數據是以各業界「優秀業務員」的實際業績，如果拜訪一兩次就放棄，實在是太可惜了。

拜訪不是只有一次

業務員一定要記住，面對不想買的客戶，要不斷展現誠意，讓對方改變心意「那我就買吧」，這種手法是業務的精髓。

因此，一定要讓對方產生「這位業務員來了，我應該好好聽他介紹」的想法。

如果被對方拒絕就擺臭臉，根本沒資格當業務。有些差勁的業務被拒絕後，還惡言相向。這種業務員的惡評會傳千里，「這個業務很糟糕，還是不要跟他來往」，客人會越來越少。

即使被拒絕也要輕鬆地說：「很抱歉沒辦法為您服務，如果您以後還有需要，再請您多多指教。」

離開的時候，你也用不著垂頭喪氣，這樣會給對方喪家犬的印象。拜訪不是只有一次，下次還有機會。

就像前面提到的「到簽約之前的造訪次數」，一定要很有毅力。例如可以說「那下次再拿資料給您」、「我會回去查看看」等，以便下次再來拜訪。

總之，要製造下次拜訪的機會，這就是第一次拜訪的目的。

★成為銷售高手的法則⑧

即使是優秀的業務員，
也需要不斷地拜訪，才能談成生意。

9

「禮物」比言語更有效

沒有預約的拜訪

對於初次見面的客戶，之後一定要寄明信片給他，這是表示「今後也請多多關照」的心意。除了明信片之外，還有一種有效的方法。

在第一次拜訪完不久，一定要再登門拜訪一次。若能在適當的時機和對方見第二次面，可以加深與對方之間的關係。

但是，如果沒有重要的事，想再約到對方可能比較困難。即使想打電話跟對方約時間，卻沒什麼目的，也沒辦法約。

像這種時候，可以不用預約直接拜訪。帶著小禮物，很自然地說「剛好有事到這附近，順道過來跟您打聲招呼」。

有時候也會遇到對方不在，或是對方工作正忙、正在接見客人，沒辦法見到對方。

絕不久留

這種時候，可以在自己的名片寫上「剛好有事到這附近，順道過來跟您打聲招呼」，附上小禮物之後便離開。若是對方正在接見客人，可能會請你等一下，但你一定要禮貌地拒絕。因為你本來就沒有事先約好時間，還是別硬要跟對方見面。

若是可以和對方見面，也絕對不能久留。因為沒有事先約好，久留的話，會造成對方的困擾。

謝謝對方上次跟你見面，再把小禮物交給對方，就可以回去了。專程前來道謝，這個舉動非常重要。

「特地過來道謝啊？真是有誠意的人，真的很誠懇……」要讓對方留下這種印象。如果對方接受你的關心，第一次的拜訪就成功了。

恰當的小禮物是？

第一次見面後的後續動作，是建立人際關係的起點。才剛開始，不可能一下子就到達終點，要慢慢建立跟對方的關係。

如果可以將第一次見面的客戶納進自己的人脈，工作和人生都會變得很豐富。不過，要跟初次見面的客戶建立關係，沒有那麼簡單。

所謂的人際關係，不是靠單方面的努力就可維繫。如果對方不能獲得任何益處，他不會感興趣。

要引起對方的興趣，可以試著送「禮物」。這個禮物並不一定是指禮品。

比如說是對客戶有幫助的新聞報導，或雜誌、書籍等，都是很有用的禮物。

擔任業務員的你，提供對方自己負責的新商品資訊，也算是禮物。

不用想得太複雜。即使口才不好，只要有「適當地讓對方得到好處」的心意就可以了。

★成為銷售高手的法則⑨

提供益處給對方，讓他感受你的用心。

10 口才不好更要守時，以加深信賴感

「能者多勞」？

參加宴會或聚會時，一定會有人遲到。

他們到達會場時，一定會說「哎呀，真的很忙呢」，一臉抱歉、不停地強調自己的忙碌。

但是，真的是如此嗎？以他們的年紀來看，不可能一整年都很忙。知道他們伎倆的我，總會苦笑地揶揄說「又在裝忙啊」。

一般的日本人會認為「能者多勞」。

也有很多人覺得「會被時間追著跑的人，是有能力的人，遲到也是不得已」，對遲到的人總是很寬容。

讓自己看起來忙碌，也許是假裝自己有能力的一種方法。

不過，這是商場最忌諱的事，非常不可取。

若是對方遲到，要怎麼應對

事實上，「常遲到的人」在重要場合絕對不會遲到。

就像情侶一樣，熱戀中的兩個人，約會時絕對不會遲到。

若是女方遲到，大概就是男方的單相思。如果女方經常遲到，你就應該放棄這段戀情了。若是她放你鴿子，表示你們的戀情已畫下句點了。

像這種「時間概念」，也可以表示尊卑關係。

以地位的關係來看，在下位者通常是等待的一方。

因此，如果對方讓你等待，就表示他視你為下位者、看輕你。

最嚴重的狀況，是對方沒有聯絡就放你鴿子。

這種時候，不管對方怎麼解釋，他其實還是看不起你。「忘了跟你有約」是最典型的藉口，沒有聯絡就放你鴿子，就是對方忽視你的證據。

忽視比「拒絕」更嚴重。

對方表面上說「你好像很忙」

不管怎麼隱藏，人類的心理還是會顯現在這種對應方式上。因此，身為業務的你，絕對不能遲到。遲到的傷害是很大的。

對方表面上說「你好像很忙」，但是內心可能會認為「竟然遲到，這個業務員真不像話」，對你產生負面印象，也失去對你的信賴。

說到信賴，一般業務員在拜訪客戶，常會忘記一件事。

就是拜訪後的後續動作。拜訪完後，不管有沒有成果，一定要打電話跟對方道謝，或是傳電子郵件、傳真給對方。若拜訪時有些問題沒有解決，一定要跟對方說明確認後的結果或解決的方法。

這樣可以加深對方對你的信賴感。

口才不好的業務員，最重要的是獲得對方的信賴。所以，守時是業務員在洽商時最基本的原則。

★成為銷售高手的法則⑩

不想失去對方的信任，就別讓對方等你。

絕對不能遲到。

11 無計畫性的談話將導致失敗

業務員的行動計畫因人而異

應該沒有業務員，在沒有行動計畫的情況下，就出門拜訪客戶。這個行動計畫的內容，通常因人而異。

A業務員和對方約好時間後，會先設想情境。比如說「要如何表現」或「要提出什麼提案」等，在拜訪之前，會確實做好該做的準備工作。

B業務員因為是定期性的拜訪，會先去跟客戶見面。他認為即使事先設想，也無法掌握對方的動作，因此，只要配合對方的動作應對就可以了，也就是「船到橋頭自然直」的想法。

假設A和B同在咖啡廳喝咖啡。

A業務員為了調整拜訪下一個客戶的時間，先去咖啡廳休息一下，順便確認下一個的行動計畫及相關資料。

另一方面，B業務員則是在咖啡廳裡，邊看漫畫邊喝咖啡，完全就是「玩樂」時間。

一天都在「玩樂」中度過

以利用在咖啡廳裡的時間為例，像B業務員這樣「船到橋頭自然直」是不行的。因為沒有計畫，一天都在「玩樂」中度過。

因此，到了月底才開始著急沒有達到的業績。越急就越會出錯，不僅沒有效率，也不能提升業績。

或許他會覺得自己這樣不好，而反省「下個月一定要有計畫地行動」。但是，「事過境遷」之後，又是「船到橋頭自然直」的無計畫行動。不斷惡性循環，養成習慣之後，就無法挽回了。

當天的成果取決於早上的作戰

為了避免變成那樣，趁年輕時就應該養成計畫行動的習慣。

首先，要先粗略地規劃一年的計畫。然後，再作每個月、每個禮拜、每天的行動計畫。只要照著計畫行動即可。

雖然如此，這種計畫也只是「預定計畫」而已，不需要「嚴守」計畫。有時也會發生預料之外的突發狀況。客人可能會抱怨，或是緊急通知你去處理狀況。因此，計畫行動也要視狀況做適度調整。

以「照著計畫行動」為基本，不要因為自己心情或情緒而任意更換計畫。

「今天我要做○○和○○」，當天早上先確認行動計畫，然後逐一完成。

上班之後做的事，決定了當天工作的成果。早上是頭腦最清楚的時候，最適合思考洽商時的策略。

不要用「船到橋頭自然直」的無計畫性談話。若能好好準備洽商的內容，即使口才不好，也可以順利洽商。

★成為銷售高手的法則⑪

抱著「船到橋頭自然直」的想法，業績當然不會提升。

洽商前請先做好準備。

12 「內向」比「外向」的人更善於交朋友

「內向的人」並非不擅交際

個性內向、比較不敢講話的人通常都很怕生。

所以，他們很不習慣參加像宴會之類的、很多人聚集的場合，相對的，他們很難交到新朋友，交友圈也很狹小。

內向的人是否很需要朋友，其實也不一定。

原本他們個性就比較「內斂」，所以，一個人也不覺得難受。

即使旁人說「你不太會與人來往」，也不會在意。他們也不會有「好無聊喔，希望有人來約我」之類的想法。

因為個性內向，即使有人約他，他也不會積極回應。

但是，與他變熟之後，他就會慢慢敞開心胸。

一旦變成好朋友，他就會無所不談，還會展現他開朗的一面。因此，跟之前「內向形象」之間的落差，常常會讓大家覺得很驚訝。

像這種內向、不擅言語的人，並非不擅交際。

「外向的人」很難有好朋友？

另一方面，個性外向的人，簡直是八面玲瓏。

他們會積極地拓展人際關係，跟任何人都很親近。隨著朋友的增加，交友圈也日益擴大。對不擅交際、口才不好的人來說，只有羨慕的份。

不過，也因為外向的人跟任何人都很親近，給人一種「表面上很要好」的感覺，反而很難交到能推心置腹的好朋友。

以「推心置腹」地對待朋友這點來看，內向的人反而比較厲害。

吃飯時洽商，效果更好

一開始的確很難跟內向的人相處，但隨著交情越深，就有可能變成好朋友。

正因如此，與內向的人相處，第一步是最重要的。一開始可以先約對方吃飯，一起吃午餐或晚餐。

以前有句話說「吃同一鍋飯的朋友」，這是指知心的夥伴。花花公子約女生「要不要去喝個茶啊」，也是跟對方熟稔起來的一種技巧。

商談上的「飯局」也有同樣的效果。

特別是與對方談話的內容，一直沒有進展時，吃飯會很有效果。吃飯時，人的交感神經會受到刺激，心情會變得比較輕鬆，心防也會變弱。

因此，對你想談的事，對方的抵抗力也會變弱。也就是說，他會變得比較容易接受你說的話。

洽商的對象若是比較內向的人，不妨約他一起吃飯，比較容易達到效果。剛開始只要簡單吃個午餐就可以了。口才不好的業務員，一邊吃飯一邊聊天，比較能暢所欲言。

★成為銷售高手的法則⑫

一邊吃飯一邊洽商，對方比較容易接受你的意見。

第 2 章

某句話、某種態度可以改變客戶的想法

13 「我只跟您說」讓對方覺得自己備受尊重

說話說到心坎裡

每個人都認為自己最可愛，自己最重要，都很有自尊心。

因此，若要抓住對方的心，說出讓對方覺得自己備受尊重。

比如說跟對方討論事時，不能告訴他「大家都這麼認為，您覺得呢」，而是要說「我只跟您說」。

關鍵是「只跟您」這三個字。

這會讓對方覺得「自己是很特別的」，有這種感覺之後，他會傾身問你：

「你要找我商量什麼事？」

這句「我只跟您說」的迷湯，也適用於各種場合。

另外還有一句：「除了您之外，我找不到其他人商量……」這種信賴的話也很有效。

聽到這句「除了您之外」，會覺得自己特別被看重，很有成就感，而有「既然這麼信賴我，我就跟你好好聊一聊」的想法。

這樣簡單的一句話，就能吸引對方的心，讓對方照你的意思行動。像這種迷湯似的句子，應該好好活用。

即使跟第一次見面的人，也能變親近喔

與第一次見面的人說話難免都會緊張。但是，只要找到雙方的「共同點」，話匣子一開，就會變得很有親切感。

例如「哎呀，真巧，我也是來自長野縣，我們是同鄉呢」、「真巧，我也

是民國〇年出生的，我們同年紀耶」等等，只要找到共通點，就有很多話題可以聊。

為什麼跟第一次見面的人能產生親切感呢？

原因在於人的習性「比較喜歡跟自己有共通點的人」。

以心理學來說，這是「類似性的法則」。若是意見或想法相似，興趣或喜好有共通點，對方比較容易抱有好感。

要有安心感，才能長久交往

俗話說「物以類聚」，就表示同類有群聚的習性。對跟自己相似的人，比較容易抱持好感。

跟對方在一起有安心的感覺，才能長久交往。

為了讓推銷順利進行，先決條件就是讓客戶喜歡你。但不能因為要讓客戶喜歡你，就只誇耀自己的豐功偉業，這樣反而會有反效果。對方會覺得很無趣、很討厭。

與其如此，不如找出和對方的「共通點」。

像是出身地、家人、興趣、喜歡的食物、或孩提時代的點滴……什麼都可以。試著在對話的同時，找到與對方的共通點。

優秀業務員跟對方談話時，一定會運用這種類似性。找到相似點，緩和對方緊張情緒，然後慢慢導入要討論的主題。

活用「共通性」，可以變成口才不好的業務員的武器。

★成為銷售高手的法則⑬

「我只跟您說……」

特別尊重對方，對方就會照你的意思行動。

14 以「我只在這裡說喔」，抓住對方的心

如何在開始談話的幾分鐘內，抓住對方的心

就像電影、小說一樣，開頭的導引是決定整部作品的關鍵。在相聲的世界裡，導引又稱為「楔子」。在一開始就能抓住觀眾及讀者的心，吸引讀者看到最後，就可稱他們為名導或名作。這同樣也可用在對話上。如何在開始談話的幾分鐘內，抓住對方的心，這點非常重要。

在此介紹一個運用在談話中的「楔子」。

「我只在這裡說喔……」先說這句話，勾起對方的好奇心。

突然聽到「我只在這裡說喔」這句話，對方會認為「他可能要跟我說一些祕密的事吧」，不由得豎起耳朵，如此一來這個方法就算成功了。

不粉飾、誠實的個性，給人信賴感

另一句吊人胃口的話是「這件事是個祕密」、「這件事請您千萬別說出去」。

一聽到「千萬別說出去」，人類反而會「想跟別人說」。這也許可以說是人的習性。

因此，若你想讓大家知道這件事，先說「不要跟別人說」，會比較有效果。

所謂的「談話」，不用像「行雲流水」般流暢。講得太流暢，顯得太過自我，說起話來沒有分量，對方不會有共鳴。也許只會覺得「你很會講話」而已，就沒有下文了。

所以不粉飾、誠實的個性會給人信賴感。不擅言詞的人反而可以藉此表現你的魅力。

要扮演好傾聽者的角色

跟講話講得很流暢一樣，「講話像機關槍」也不行，這樣無法觸及對方的心。

講話太快，音調就會提高，因此聽的人也無法放鬆心情。機關槍似的說話方式，缺乏說服力。

身為業務員的你，即使你努力想談出結果，還是要注意對方的感受。因此，也許你會急著想引起對方興趣，但他就是沒反應。

其實這是因為你沒有適度地「傳球」讓對方「接球」。談話基本原則就是「一傳一接」。

首先，好好接住對方傳的球（說的話）。口齒伶俐的業務員往往會忽略對方的感受，一直說個不停，只顧著自己傳球。

為了順利交談，你應該扮演傾聽的角色。

如果不先了解對方的需求、預算，討論就無法達成共識。交涉要先聽對方的要求，然後再予以應對。

不只是不擅言詞的業務員，喜歡講話的業務員，也應該扮演好傾聽者的角色。

★成為銷售高手的法則⑭

談話一開始要先抓住對方的注意力，然後聽清楚他的需求。

15 「有件事想找您商量……」這句話讓對方產生優越感

讓對方產生優越感，他的心情就會很好

「有件事想找您商量……」聽到你這麼說，大多數的人應該會回答「什麼事呢？如果我可以幫得上忙，就請說吧」。因為被問的人會覺得「自己可以被人信任」而產生優越感，不會排斥。

然而即使找對方商量，對方也不一定會產生優越感。有時候也要注意，如果回答得不好，有可能會陷入尷尬的窘境。

比如說同事找你商量的時候，你輕易地回答他，說出了自己的意見。這時

找你商量的同事，也照著你的建議去做事，結果卻出了問題，就會變成無法彌補的大失誤。

你也會驚訝「沒想到會變成這樣」，但是事關重大，找你商量的同事會說「都是照你的建議去做，才會變成這樣，都是你不好」，如此一來，最後可會變成你的責任。

引導對方爽快地提供建議的心理戰術

其實可以使用這樣的心理戰術。例如你想在會議上提出重要提案，這時，在開會前請先找你的上司討論。

「關於這次的銷售計畫，我有個提案，我該如何在會議上提出來呢？請您指導我。」上司也會產生優越感，而爽快地提供你意見。

得到上司的意見及指示，就等於他蓋了「連帶保證人」的印章一樣。接下來上司應該不會反對你的提案。

這個手法也可用在公司內部需要「斡旋」的時候。在重要的會議中，想要先取得出席者同意的話，你也可以事先找對方商量。

你想通過的提案，可以事先提供給會議的關鍵人物，表現出虛心求教的態度。

聽到你說「有件事想找您商量」、「請您指導」，關鍵人物也會覺得很有優越感而爽快地提供你意見。如此一來，會議的關鍵人物應該也會同意你的提案。

讓對方照著你的意思行動的心理戰術

還有一種方法可以抓住對方的心。

「我記得您曾說過……」

「就如部長您常說的『客戶的客訴聲就是上天的聲音』，所以我是以這樣的考量，擬出您現在看到的企畫案……」把自己的提案講得好像是從部長那裡想出來的。

如此一來，如果對方也覺得你的提案像是自己的提案，對方就會照著你的意思行動。這種心理戰術也可以用在業務活動上。

即使是業務員，也沒有必要講太多話，只要說這種可以抓住對方的心的話就好。

★成為銷售高手的法則⑮

以「有件事想找您商量……」的說法，依賴對方，對方會比較容易接受。

16 在談得正熱烈的時候說：「我差不多該告辭了。」

讓對方覺得「希望可以多聊一點」

和顧客見面的時候，有些道別的方法可以讓對方留下好印象。

道別的最佳時機，就是雙方都覺得「希望可以多聊一點」的時候。也就是說，在雙方談到最熱烈的時候，就起身說「我差不多該告辭了」。

好不容易談得這麼熱烈，為什麼要在這時候起身離去呢？

其實主要目的是希望能突顯出你的「存在感」。

因為人在氣氛熱烈的時候，如果被打斷，都會產生一種「不想被打斷」的情緒。

像看電視連續劇一樣。當劇情正是高潮，畫面往往會出現「待續」兩字。這樣會讓觀眾覺得「好像越來越有趣了，接下來劇情會如何發展呢」，讓觀眾充滿期待。

這種興奮狀態，會持續到下一個星期。同時，到被中斷為止的內容，也會牢牢記在腦中。因此，如果在氣氛熱烈的時候被打斷，也會牢牢記得被打斷之前的談話內容。

避免在彼此冷場的時候離開

這種心理，可以運用在業務員與顧客的對談之中。

在對話有中斷沉默的時候，如果說「我差不多該告辭了」，對方會有「我正在等你說這句話」的想法，也跟著起身。如此一來，對方就很難感受到你的存在。

經過一星期後，初次見面的顧客會完全忘記你。因為對你幾乎沒有印象。

因此，避免在雙方談話冷場時離開，要在雙方聊得很熱烈的時候說「改天再約見面吧」，這樣對方也會覺得「最近一定要再見面」而想跟你見面。

這是因為熱烈的對談，會在對方的腦海之中形成「持續中」的信號。

推銷性的內容要適可而止

很多人認為不好拿捏道別的時機，但我剛剛已經說過，「在談話正熱烈的時候」道別，就是最好的時機。

在業務員之中，有些人無視這種心理作用，做出會產生反效果的行動。原本應該在聊得熱烈時起身離去，卻繼續賴著不走。

為什麼會這樣呢?是因為有「好不容易聊得這麼高興，趁這個時候跟對方多談些推銷性的話吧」的心理因素，所以才會捨不得離開。無論雙方談話如何熱烈，推銷性的談話也要適可而止。

如果在這種狀況下道別，對方也會保持「希望多聽一點、多講一點」的心情，尤其是第一次見面的時候，更應該避免待太久。

下一次再見面的時候也要這麼做。這樣一來，和對方的談話也會進行得更順利。即使是口才不好的業務員，如果能運用這種心理戰術，工作也會更順利。

★成為銷售高手的法則⑯

如果可以在談得正熱烈的時候離開，對方也會覺得「想要多聊一點」。

17

尋找共通點，「我的○○也和您一樣」

最初的時候，對話總是不太順暢

相信大多數的人都有過這樣的經驗。初次見面的時候，由於緊張的緣故，對話總是不太順暢。不過，見過幾次面之後，逐漸熟悉了解對方，對話也就變得順暢許多。

面對初次見面的人覺得緊張，是人類的本能。每個人的狀況不同，但是面對第一次見面的對象，緊張是理所當然的事。

有些人除了緊張之外，也會有警戒心。不過，即使有警戒心的人，見過幾次面之後，警戒心也會逐漸緩和。

另外，在雙方進行交涉的場合之下，瀰漫著緊張氣氛，以及雙方熟悉彼此，哪一種情況下會進行得比較順利呢？

相互了解的情況下，當然會比較順利。因為彼此可以「敞開心胸」交談，雙方會一起致力於交涉。因此，如果可以在事前多了解交涉的對象，對談可以進行得比較順利。

雙方相互了解，就可以了解對方的個性

也就是說，見過幾次面後，透過交談加深雙方的認識。即使見面時間很短暫，只要經常見面，雙方便能相互熟悉。光是這樣，就會產生很好的效果。

相互熟悉之後，也比較了解對方的個性。依對方的個性去和他相處，也可以降低警戒心。雙方比較容易產生安心感以及親切感。如此一來，信賴感自然也就油然而生了。

此外，聊開了之後，也可以和對方討論興趣、家庭等比較私人的話題，就能發現共通點。一旦找到共通點，就會更親近。

業務員「認真」拜訪顧客，就是希望加深彼此的了解。為了化解對方的警戒心、建立起雙方的信賴關係，所以要經常拜訪客戶。

如果能找到彼此間的共通點，就可以緩和對方的心防

初次見面的對象，有時候會發現兩人是同鄉。這個時候就可以說說「真的嗎？我也是在〇〇縣出身呢」，話題一下子就會熱絡起來。

畢業於同一間學校、有相同興趣、相同的〇〇……如果有這類共通點，很容易產生親近感。即使是初次見面的對象，如果有共通點，就可以緩和對方的心防。

因此，如果想要獲得對方的善意回應，尋找「共通的話題」是一個方便又快速的好方法。

興趣、出生地、畢業的學校、家庭、喜歡的食物、支持的棒球（足球）隊伍……等，找尋與對方的共通點，並且以共通點為話題。

在進入正式洽商前的閒談，以及聊到工作以外的事時，就要觸及「共通點」。

例如「最近全家一起去了迪士尼樂園」，對方也會說「我們也去了喔」，有共通的話題，談話的氣氛會比較融洽。

口才不好的業務員，應該盡量找自己與對方的共通話題。這樣可以很快拉近和客戶之間的距離，口才的好壞也就不是那麼重要了。

★成為銷售高手的法則⑰

熟悉對方並且找出共通點，也談得比較融洽。

18「您說的沒錯」，先認同對方的說法

儘管商品的價格比較貴一點，客人還是會購買

如果業務員販賣的商品，和其他公司相較，有絕對優勢的話，商品一定會賣得很好。然而，這種情況非常少見。幾乎都是和同業相似的商品，必須要透過業務員辛苦的推銷才賣得出去。

銷售商品的人通常會自誇「本公司的產品和其他公司的產品不一樣」。不過，在顧客看來卻是「沒有太大的差異」，都是一樣的東西。

在眾多相似商品之中，要以什麼作為購買的基準呢？

基準並非商品，而是業務員的「特質」。即使商品價格稍微高一點，但顧客會因為你是一個「值得信賴的業務員」而向你購買商品。顧客不會想跟討厭又無法信任的業務員購買商品，客人不喜歡說話流利，做事態度卻很輕率的業務員。

顧客想買物超所值的商品，就要自己到處去尋找、調查。與其到處比價，還不如直接問信任的業務員。

簡單地說，業務員的信賴度是決定顧客購買的基準。

面對對方的拒絕，應該如何對應？

業務員所銷售的東西並非商品本身，而是「信賴感」。現今已經沒有會不停稱讚商品、爽快買下商品的顧客了。

業務員的工作，就是要解決顧客的疑慮、意見、抱怨等。如果業務員面對顧客提出的疑慮，很不客氣地回答「沒有那種事」，這種業務員根本不及格。

馬上反駁對方說的話，會讓對方覺得「真是沒有耐性的業務員，對顧客這麼沒禮貌，根本不值得信任」。回答「沒有那種事」，就像是要跟顧客爭辯一樣。

不要傷害顧客的自尊心

如果當面反駁顧客提出的看法，會傷害顧客的自尊心。如果自己提出的看法不被認同，心情就會變得很不好。

因此，業務員和顧客爭辯，不會有任何好處。即使爭贏了，之後的商談不會比較順利，反而會失去客人。

即使客戶有所疑慮，不應該立刻反駁，應該說「您說的沒錯」，先認同對方的說法。至少要注意不能傷害到對方。這樣才可以繼續和對方保持融洽的關係。之後再尋找適當的時機，跟對方表達自己的想法。

對話的不二法則，就是先虛心接納對方的意見。要先有廣闊的胸襟，對方才能敞開心房。這樣你才有更大的空間，和對方洽商。

因為口才不好，與其拚命說自己的想法，不如先聽聽顧客的意見。有「您說的對」的想法，才能贏得顧客的信賴。正所謂「吃虧就是佔便宜」。

★成為銷售高手的法則⑱

切忌反駁顧客。
先聽聽對方的意見。

19 「如果我是您的話」，讓對方敞開心胸

面對不輕易敞開心胸的對象，該怎麼跟他說話？

家庭主婦常看的生活情報節目，一定會有個「人生對談單元」，廣播節目也是。我也曾經看過、聽過幾次，在此，我將回答者說服諮詢者所採用的方法，提出來讓大家參考。

大部分的約談對象在一開始的時候，對於回答者所提出的建議，都會反對或是辯解，無法輕易接納。

然而，對話一直持續下去，諮詢者卻不知不覺開始認同回答者所說的話。

因為回答者是各界的菁英，所以他們的建言和表現方式也都可圈可點。

不過，只要稍微注意，便可以發現這些回答者有一定的「模式」。

面對不輕易敞開心胸的諮詢者，回答者會表現得像站在對方的立場一樣。

人總是覺得自己最可愛

人生對談單元之中，最常見到家庭主婦的離婚問題。「再也無法容忍我的丈夫了」這種情況最多。

因此，回答者會建議諮詢者「如果我是妳的話，一定會原諒丈夫，絕對不會跟他離婚」。聽到回答者說「如果我是妳的話」，諮詢者就會敞開心胸。

人總是覺得自己最可愛。光是說出「如果我是您的話」，就會讓對方卸下心防。

最近有很多妻子在丈夫即將退休時，提出離婚的要求。妻子考慮要離婚，並不是一天兩天的事，而是好幾年前就開始萌發離婚的想法了。

有人覺得這是因為丈夫不了解妻子的想法，是丈夫的錯。丈夫聽到這種說法，應該會很難過吧，相處了這麼多年，自己竟然不了解妻子的內心想法。

利用「同情」引出對方的真心話

很多人自以為自己熟知對方的一切，事實卻不然。

每個人都會戴上一個「面具」，本來「人格」這個字的語源就是出自「面具」這個字彙。人類會戴上面具，不輕易說出真心話，也不會表現出自己真實的一面。

那麼，應該如何引出對方不輕易表現出來的真正想法呢?這裡有一個引導的心理戰術，就是表現出「同情」。這和剛剛說的人生對談單元中，回答者所使用的方法一樣。

「如果我是妳的話，一定也會做出相同的決定」、「我很了解妳現在的立場」，像這樣表示同情，或是了解對方的想法，對方會很快敞開心胸。

「說出你的真心話吧！」再怎麼強迫對方，對方也不會敞開心胸。不只這樣，對方反而會隱藏自己的真心話。

要讓對方敞開心胸的關鍵，在於展現「如果我是您的話」這種「善意」。今後也請將這種心理戰術運用在推銷活動中吧。

★成為銷售高手的法則⑲

表現出同情且理解對方，
才能引出對方的真心話。

20 強而有力的握手方式，會令對方印象深刻

透過身體語言進行溝通，效果絕佳

「說話」、「聽話」、「凝視對方」、「身體的動作」……等，有各種溝通表達的方式。其中「身體的動作」是人與人之間最親密的溝通方式。

從母親抱著小孩這個動作就可以了解，身體接觸對方，也就是所謂的身體接觸，可以有效讓對方感覺到善意和親切感。

說到身體接觸的效果，擁抱動作是最好的一種。此外，諸如「握手」、「拍肩膀」、「點頭」等動作也很有效果。這種身體接觸比「說話」、「聽

話」、「凝視對方」有效。

選舉的時候，候選人總會採用握手戰術。採用這種戰術，也是想藉身體接觸達到效果。

若無其事地碰對方的肩膀和手臂

棒球比賽，總教練走到遇到危機的投手身邊，輕拍投手的肩膀幾下，這就是可以穩定投手情緒的身體接觸。通常在那之後，投手的心情會變得比較穩定，才能解決投球危機。

像這樣接觸對方的身體，可以有效消除對方的緊張感，同時也會產生安心感。在不同狀況中，也可能會產生親切感，或讓對方留下好印象等不同的效果。

因此，口才不好的業務員，要盡量採取這種身體接觸的戰術。跟對方握手，或是若無其事地拍拍對方肩膀、手臂等。

不過，接觸的時候一定要注意，就是如果隨便拍打上司或顧客的肩膀，可能會產生反效果。另外，男性如果隨便碰觸女性的肩膀，可能會被認為是性騷擾。身體接觸，僅止於一般人可接受的範圍之內。

用力握手，對方會覺得很驚訝

在此，再次說明「握手」的效用。前面提到競選時，候選人很重視握手戰術。因為能與多少人握手，直接影響到選票的多寡。

另外，談到握手，每個人的握手方式都不一樣。有些人是輕輕握手擺動，有些人則是用力揮擺。很多美國人會從握手方式判斷對方的個性。內向的人通常握手的力道較輕，積極、外向的人握手力道則比較強勁。

最近，有很多日本人也會跟客戶握手。然而，握手時會特別注意力道的人卻不多。大家應該要更注意。

握手時，稍微有點力量會有不錯的效果。用力握手時，對方會覺得很驚訝，同時也會有「這個人做事很有幹勁」、「這個人很有活力」的感覺。

口才不好的業務員，請利用有勁道的握手方式，加深「很有活力」的印象吧。

★成為銷售高手的法則⑳

強而有力的握手方式會有不錯的效果，給對方很有活力的印象。

21 對方的「斜前方」是商談的最佳位置

第一次見面時，要有一定程度的緊張

業務員常會到很多地方拜訪，有很多與人初次見面的機會。因此，被帶到會客室的時候，切記不能深坐在沙發上。深坐的時候，雙腳會不自覺地張開，也會彎腰駝背，容易給別人狂妄的印象。

此外，跟對方的距離也會變遠，雙方的視線不容易交會。因此，無論是沙發或椅子，都應該坐在稍微前面一點的地方，而且要抬頭挺胸。如果視線可以投射在對方下顎附近，可以給人比較和善的印象。

距離出入口較遠的位置是「上位」，距離出入口較近的位置則是「下位」。被帶到會客室之後，要先坐在下位，靜候會談者。

等候的期間，脫掉外套、喝茶之類的動作，都是失禮的表現。就算對方拿出煙灰缸，在對方還沒開始抽煙之前，絕對不能抽煙。

在雙方熟悉之前，要有一定程度的緊張，是業務員應具備的禮節。

對方走進會客室時，也要立即起身以示尊重。站著的時候，恭敬地向對方行禮問候，再交換名片。

即使對方請你坐到上位，也應該客氣地婉拒。如果對方還是堅持要你坐上位，你要先說聲「真是不好意思」，然後安靜地坐下。

不會太近，也不會太遠的距離

第一次見面的時候，必須特別注意和對方的距離。

還不太熟悉對方的時候，太接近對方，會有不自然的感覺。但是若是距離對方太遠，又很不容易溝通。

一般而言，和對方相距三十公分到一公尺以內的距離，是實驗出來的最佳距離。

另外，如果是在店面或賣場，雙方必須站著談話的時候，應該避免雙方面對面交談，應該要站在斜前方。坐著談話的時候，中間隔了桌子，可以保持適當的距離。不過，站著的時候，不知不覺就會太靠近對方。

尤其是第一次見面的時候，如果正面太接近對方，容易讓對方產生壓迫感。因此，談話的時候應該站在對方的斜前方，而不是正前方。正前方對方比較有壓迫感。

最好坐在對方的斜前方

坐著談話的時候，斜前方的位置也比較好。比如要將資料拿給對方看的時候，從斜前方的位置遞過去，對方會自然地收下。

人會比較注意正前方的東西，不太會注意旁邊的事物。像坐電車的時候，我們通常會注意到自己正前方的人，卻不會注意旁邊的人。因為這樣，機場和新幹線的候車室，通常都沒有面對面的座位。

在業務員的世界也是一樣，優秀的業務員會選擇在「對方的斜前方位置」進行對談。

如果能掌握對方心理，即使口才不好，還是可以順利進行洽商。

★成為銷售高手的法則㉑

在客戶的斜前方位置，

商談就能進行得很順利。

22

「視線」比言語更能抓住對方的心

透過眼神的接觸，表現出自己的熱情與誠意

人在進行一對一談話的時候，看著對方眼睛的時間，大約佔了全部對話時間的多少百分比？有一個實驗資料顯示，雖然每個人不太一樣，但大多介於30％到60％之間。

視線交會稱為「眼神接觸」，看著對方眼神說話，比較容易讓對方產生好感。雖然剛才提到一對一談話的時候，目光交會的時間大約是30％到60％之間，但是實際上60％左右的程度最合適。

有這種眼神接觸，對方會覺得「這個人真是熱心」、「很容易相處」、

「很誠實」。

光是用嘴巴說不夠

常說道「你的眼睛會說話」，那是因為眼神接觸會表達出內心的「想法」。

看熱戀中的戀人就知道，眼神和眼神的交會是一種善意的表達方式。此外，也是談話內容表示關心的一種訊息。如果對方的眼神沒有和自己交會，會覺得「這個人完全不在乎我說的話」。

看著對方說話時，可以傳達出真實、不虛偽的信號給對方。因為眼神是內心想法的真實表現。

因此，說謊或語帶隱瞞的時候，說話時眼神自然就會變得飄忽不定。

儘管如此，還是有人打招呼時不會直視對方，或是不看對方的臉，面對其他方向說話。也有人是看著對方時，會顯得很緊張。

這樣都會讓人留下「不穩重」、「沒有自信」、「有什麼事隱瞞」的不好印象。

打招呼是人類關係的基礎。不能只是說出「您好」兩個字而已，一定要認真看著對方。最好是看著對方的眼睛，確實打招呼。眼神接觸也可以確認對方的反應。

在強調事的時候，要看著對方的眼睛

要確認對方是否了解自己說的話，請注意對方的眼神，由對方的眼神就可以判斷出來。

這種眼神接觸很重要。不過，一直盯著對方也不太好。感覺就像是瞪著對方，會讓對方覺得不悅。

最好是在雙方談到一個段落，再進行眼神交會。比如講到「換個話題」或「事實上，關於那件事」的時候，在換話題時，看著對方的眼睛。

「自己想要強調的重點」、「希望對方認同」也都要注視對方的眼睛。

因為緊張而不敢注視對方的人，可以不要注視眼睛，改為注視對方下顎附近的位置。這樣對方看起來，也像是眼神交會一樣。

不管在任何業界，優秀業務員通常是會巧妙運用眼神接觸的人。

口才不好的業務員，試著利用眼神接觸拉近對方的心。想要強調的時候，記得看著對方的眼睛。

★成為銷售高手的法則㉒

如果對談時有60%以上的時間注視著對方，可以讓對方產生好感。

23 即使是只購買一次的顧客，也要好好重視

一旦接受，之後都會很順利

有個男生多次試著約一個女生，但是女生始終不肯答應。然而，某天不知道什麼緣故，女生卻說「如果只是喝個茶，我可以跟你去」，從此之後，女生都會答應男生的邀約。

始終都不肯允諾的事，一旦答應過一次，「抗拒力」也會隨著減弱，之後就會越來越順利。

這種過程，在心理學上稱為「允諾效果」。

也許肇因於微小的事，然而一旦接受，之後就會很順利。

就像剛剛說的女生，一旦說出「如果只是喝個茶，我可以跟你去」，之後的邀約也可以簡單接受。

因為允諾效果，顧客會覺得「以後還想購買」

商業活動中，也有這種允諾效果。

顧客購買商品之前，總是會詳細考慮。在決定購買商品前，常常會花很多時間。不過，一旦決定購買之後，就再也不會改變。那種排斥心理會淡化，接著繼續使用、購買商品。也就是說，會一直購買產品。

因此，業務員絕對不可以認為「顧客買過一次之後，下次應該不會再買了」，然後輕易放棄，而是要認為，只要購買過一次，下次一定還會再買。

事實上，顧客再次購買的機率很高。因為有「買過一次之後，還會想再買第二次」這種允諾心理的緣故。

交易過才看得出你的真心

因此，配合顧客本身的允諾心理，商品就會一個接一個賣出去。

不過，如果業務員認為「賣出去之後，工作就結束了」，只顧賣東西的話，會被客人討厭。

業務員應該搭配售後服務，並經常拜訪老顧客。這樣不僅可以維繫和老顧客的情誼，顧客再次購買的機率也會提高。

有時候老顧客也會說「我現在沒有需要，但我朋友有需要」，介紹新的顧客給你。

重視老顧客，新顧客也會逐漸增多。

若是希望老顧客幫你介紹新的客人，在銷售商品之前，一定要讓別人信任你。但若是第一次見面的人，你說「請相信我」，對方也不可能相信你。

要讓對方相信你，和對方接觸時必須有「誠意」。

「要做到基本業績，所以一定要賣」，這種自私的業務員根本不及格！對方很容易就可以看出你是一個沒有誠意的人。

「如果我是客人」，隨時保有這種心態，就很容易獲得對方的信賴。交易過才看得出你的真心。

★成為銷售高手的法則㉓

「只顧賣東西」的話，會被客人討厭。

不可忽略對老顧客的售後服務。

24 試著找出一個能讓自己散發威嚴的特點

外表不怎麼起眼，可是……

看到穿著制服的警察時，大多數的人都會有「好像很嚴肅」的印象。而看到穿著空中小姐制服的女性時，則會覺得「好像很親切」。

明明不知道這些人的人品，但是從他們穿的制服，就會把他們跟「好像很嚴肅」或「好像很親切」的印象畫上等號。

名片的頭銜也是。如果名片上的頭銜寫著「部長」，會有「部長啊，想必是很能幹的人」的印象。

有一次，我在居酒屋裡看到一個中年男子獨自在喝酒，穿著邋遢，看起來沒什麼精神，怎麼看都像是一個沒有出息的人。

後來，那位中年男子給我一張名片，上面寫著「東京藝術大學教授」，一知道是藝術大學教授，突然覺得他很有威嚴。邋遢的衣服和凌亂的頭髮頓時變成「藝術家特有的品味」。

利用「威嚴效果」來突顯自己

這在心理學上稱為「威嚴效果」。口才不好的業務員，可以利用這種威嚴效果。

不管什麼都好，試著找出一個能讓自己散發「威嚴」的特點。自己的生活方式、經歷，或者是運動、特長等，只要是能讓人覺得「哇，真不簡單」的事，都可以在對談的時候說出來。

以我自己為例，我寫了一本書《透過正面思考的習慣，開拓人生的道路》

（PHP文庫），一年賣了15萬本，成了暢銷書。我就把這件事印在我的名片上面。

別人一看到我的名片，就會很佩服「是暢銷作家嗎?真不簡單耶」，覺得我有點威嚴。

接近對方的「身體禁區」

世界上沒有人比你更關心自己的事。因此，一定要表現出自己，尤其是業務員。

特別是第一印象，常常會深刻留在對方的腦海裡。因此，面對第一次見面的對象，若能主動握手，會有不錯的效果。

心理學上有所謂「身體禁區」這個名詞，自己的身體附近有「一個不希望別人入侵的範圍」。

雖然也要視對象而定，但通常是在身旁1公尺到2公尺左右的範圍。一旦身體禁區遭受到侵犯，對方的防衛本能立刻就會啟動，呈現「防衛」狀態。

因此，迅速接近談話對象，入侵到可以碰觸的範圍之內，接著伸手跟對方握手。

要先發制人，搶先對方接近身體禁區，這樣會讓處於防衛狀態的對方覺得「這個人很積極」。口才不好的業務員，如果能「先打招呼」，會給人充滿活力又積極的印象。

★成為銷售高手的法則㉔

說出一件可以表現自己的事，引起對方注意。

第 3 章

要如何用言語掌握客戶的心

25 在最初的五分鐘，就要把重點告訴客戶

東拉西扯的談話，會模糊重點

推銷商品的時候，推銷的重點越少越好。

不要過於強調「有這個優點，還有那個優點」，假如每一項都要強調，每個推銷重點的分量就會相對削弱。

身為業務員，推銷自己時也是一樣。推銷自己的時候，不用強調每一項優點。即使只有一項優點，若是能讓人印象深刻，那也就夠了。

人類的大腦，無法一次記住太多情報。

有很多電視廣告，都是在強調商品的優點。看到這種廣告時，或許會覺得「好棒喔」。經過一段時間之後，卻想不起「那個商品好像有很多優點，到底是什麼優點」。

想說出所有的推銷重點，卻會讓每個重點變得很模糊。看廣告的人也是，無法一次記住所有重點，所以印象變得很模糊。

即使有很多想表達的重點，也要設法精簡

業務員在推銷自己的時候也是，最好精簡推銷重點。

就算有很多想表現的特長、優點，也要精簡成單一重點。

「英文好流利」、「很會打高爾夫球」……等等，即使有很多的專長，只要舉出其中一項就夠了。即使只有一個優點，也能獲得很好的評價。

口才不好的業務員，光是「個性開朗」這個特點就夠吸引人了。「樸實」、「誠實」、「勤勞」也都是很好的優點。

第一印象決定在一開始的五分鐘

第一次見面的時候，一開始的五分鐘最重要。

五分鐘聽起來好像很短暫，但五分鐘卻是決定第一印象的關鍵時刻。

「第一印象決定在一開始的五分鐘」，這是哈佛大學納里尼安貝地博士實驗過後得到的結論。因此，一開始的五分鐘就是關鍵。

「花時間慢慢讓對方了解自己的魅力」，這種想法其實也沒錯。

不過，如果自己有特殊優點，最好在一開始的時候就表現出來。早點表現出來，對方對你的第一印象會比較好，給你比較高的評價。

在洽商的時候也是如此，「如果是這個人，似乎可以很順利」，通常在見面的五分鐘之內，就能下這種判斷，下意識做出這種判斷。

茶道有所謂的「一期一會」，意思是重視每一次相遇的機會。第一次見面就要讓對方留下好印象。

第一次見面的機會只有一次。
利用最初的五分鐘，努力表現自己吧。

★成為銷售高手的法則㉕

第一印象決定在一開始的五分鐘。
找出一個重點，好好表現自己。

26 讓對方無法說ＮＯ的「步驟法」對話術

有事要拜託別人時的技巧

有求於人的時候，可以利用一些技巧，讓對方很快地答應。其中一種技巧稱是「步驟法」。

所謂的步驟法，就是要先向對方提出一個「很大的請求」，然後讓對方說「實在無法做到」，讓他先拒絕。等到對方拒絕之後，再提出真正的要求。

跟立刻提出要求比起來，用步驟法會比較順利，對方會接受的機率也提高二倍以上。

例如要求忙碌的客戶「空出一個小時的時間」，對方通常不太會答應。因為對方很忙，如果你真的很想要對方空出一個小時，應該怎麼做呢？

如果是熟人，也許還可以安排一下時間。但是，如果不是熟人，或是具有身分地位的人物，就會變得困難。也許有人還會請你約三個月或者六個月之後的時間。

業務員等不了那麼久，所以有人會硬拜託對方「無論如何請空出一個小時的時間給我」。

不過，這種太強硬的要求會讓對方覺得不耐煩。即使見了面，對方也不一定會注意聽你說。

不用那麼強硬，也可以讓對方很快答應的方法，就是步驟法。

首先提出大要求，再提出小要求

我們來思考剛剛說的「希望對方空出一個小時的時間」。

首先，提出一個一定會被對方覺得是「大要求」，說「希望空出兩個小時的時間給我」。

一如預料，對方立刻拒絕「實在沒辦法空出兩個小時」。被拒絕之後，你再提出真正的要求「那可以空出一個小時嗎」。

對方拒絕空出兩個小時，聽到「可以空出一個小時嗎」，會覺得你已經做出「讓步」，就會接受你的要求，「那就一個小時吧」。

「不可能一口氣輸入一百筆資料，三十筆倒是沒問題」

這種兩階段進行的步驟法通常很有效。

第一個步驟，先讓對方拒絕無理的要求。接著好像讓步一樣，才提出真正的要求。

以工作為例，假設你必須在今天之內輸入三十筆的顧客資料，卻有事要外出，只好拜託同事幫忙輸入這三十筆的資料。

一開始的時候不說「共有三十筆資料」，而說「共有一百筆資料」，先讓對方拒絕。對方一定會拒絕說「一百筆資料？那麼多我根本打不完」。

接著你再提出真正的要求「一百筆是開玩笑的啦，其實只有三十筆資料」，對方就會說「三十筆倒是沒問題」，接受了你的請求。

口才不好的業務員，可以好好運用這種步驟法。

★成為銷售高手的法則㉖

一開始提出大要求，

接著再提出小要求，對方就沒辦法拒絕。

27 「低姿態」的言語，反而讓對方更有印象

顧客不想受到逼迫

在不景氣的現代，顧客把自己的荷包看得很緊。不會亂花錢，也不想亂買東西。

顧客會覺得「強迫推銷很討厭，也很討厭被騙著買東西」。業務員卻得拜訪這種顧客。因此，若是業務員有任何「強迫推銷」的言行舉止，都算不上優秀的業務員。

因為顧客「不想亂買東西」、「不想被強迫推銷」。

要消除顧客內心的不安，「仔細向顧客說明」是最重要的事，而且要問顧客一些問題。

比方說「您目前使用的商品，感覺如何」、「有沒有什麼地方不滿意」等，詢問顧客使用商品的感想。

這就是「不能強迫推銷，採取低姿態」的「低姿態的推銷法」。

不可以一味強調商品的優點

即使是介紹商品的時候，也絕對不能一味強調「這是別家沒有，本公司特有的優點」。

如果一直自賣自誇，顧客看來會有「強迫推銷」的感覺。

因此，不僅是自賣自誇，「商品價格稍微高了一點，可是……」缺點也要確實說出來，這也是一種低姿態的推銷法。

說完了缺點之後，立刻補充說明商品優點，「雖然價格稍微高了一點，可是……」。

現在時代這麼不景氣，業務員絕對不能使用「強迫推銷」性的言詞，應該要搭配「低姿態」的言語，這樣才能完全掌握顧客心理。

介紹完商品優點後，再運用「低姿態」的言詞附加說明，「如果其他公司的商品比我推薦的商品還好，我們會再作改進」。

這麼說，顧客會覺得你對自家公司的商品很有自信。

這種「低姿態」的談話，通常可以達到很棒的效果。

顧客不喜歡講話天花亂墜的業務員

若是在經濟不斷成長的時代，「一個接一個」的「強迫推銷」式談話，可以發揮很強的作用。

可以不顧客戶的拒絕，像拚命三郎般強迫推銷商品。

推銷時講的話大概就是「本公司的產品是最棒的，現在才有這種特惠，不買可是您的損失喔」。

然而，現在這麼不景氣，這種話對顧客已經不管用了。現在的客人會考慮得很多，「過度自信的言語，感覺就像說謊一樣讓人討厭」，只會讓顧客反感。

顧客不喜歡「講得口沫橫飛、描述得天花亂墜的業務員」。對目前「不想被強迫推銷」的顧客來說，「低姿態」的推銷法才有用。

★成為銷售高手的法則㉗

客戶不喜歡「強迫推銷」式的言語。「低姿態的言語」才能掌握顧客的心。

28 有沒有好好地問候，對方都看在眼裡

別讓顧客覺得「連問候都不會，這個業務員真糟糕」

問候是人際關係的基礎。不管多麼會說話，不能恭敬應對的人，無法獲得顧客的信任。

一旦顧客覺得「連問候都不會，這個業務員真糟糕」，就不會信任你，生意就很難談成。你沒問題吧?再確認一下，自己有沒有確實做好問候動作。

和顧客見面的時候，認真地看著對方，大聲問候「您好」，恭敬地向對方鞠躬，接著再說「今天謝謝您在百忙之中撥空接見我」，才能坐下來。

感覺這好像是很理所當然的事，卻有許多業務員連這種最基本的問候都做不好。

雖然顧客不會說「連問候都不會，這個業務員真糟糕」，但他們確實是清楚地看在眼裡。

問候時記得叫出「對方的名字」

最容易被忘記的是要離開時的道別，即使見面時的印象很好，如果離開時沒有好好道別，也是不及格的。

離開的時候也要看著對方的臉說「今天感謝您在百忙之中撥空接見我」，恭敬地感謝對方。

最初與最後都很重要，尤其是最後的「結尾」更是重要。這跟口才好或不好沒有關係。

變成資深業務員之後，言行容易變得「輕忽、草率」，不過，「即使是親友，也要有禮貌」。問候是業務員的首要工作。

問候也有訣竅。

就是說出對方的名字。例如「山本先生，您好」、「高橋先生，我先告辭了」，問候的時候加入對方的名字，這麼做可以拉近你和對方之間的距離。

洽商只是一種和顧客溝通的形式。目的是了解對方、獲得共識。

問候是關鍵，是溝通的「潤滑劑」。

不是「一味稱讚」對方就好了

要讓人際關係變好，還有另外一個關鍵，就是「稱讚對方」。

不管是誰，被稱讚都會覺得很高興。不過，稱讚也有技巧。如果弄不好，感覺會很像是「拍馬屁」，這樣反而造成反效果。

不能一直亂稱讚，像「好棒的領帶喔」、「好棒的想法喔」，感覺像是硬要稱讚對方，稱讚也要有理由。

「這條領帶很適合您，有花樣的領帶很時髦呢，很符合加藤先生給人的感覺，很有品味」、「您的想法真好，著眼點很不錯呢，對方一定也會認同這個方案」，要說出稱讚的理由，這樣就不算是拍馬屁了。

認為「只要會稱讚就好」的人，最好改變你的想法。

祕訣是要說出「稱讚的理由」。

★成為銷售高手的法則㉘

問候的時候說出對方的名字，可以拉近彼此的距離。

29

「謝謝」是充滿魔力的一句話

一句「謝謝」，就可以讓對方敞開心胸

各位知道麥當勞的待客守則嗎？

麥當勞規定，顧客點了餐之後，店員一定要在三秒內跟顧客說「謝謝」。說完「謝謝」之後，立刻詢問顧客「要不要來一份薯條呢」，勸顧客加點。

從心理學的角度來看這種待客守則，的確是經過設計的。

心理學上的實驗證明，人只要聽到「謝謝」，就會覺得很高興，也比較容易敞開心胸。

因此，說完「謝謝」之後，接著問「要不要來一份薯條呢」，因為顧客覺得很高興，所以忍不住加點了薯條。

當顧客說「我不要買」，拒絕了你

「謝謝」兩個字可以讓對方的心情變好，是充滿魔力的一句話。

雖然這句話適用在任何場合，但在此要告訴大家很棒的使用方法。

你向顧客介紹商品，顧客卻說「我不要買」，拒絕了你時，就要用這句充滿魔力的「謝謝」。

客人說「我不要買」，你馬上接著說「謝謝您撥空聽我說明」。

拒絕你的顧客一定沒想到你會跟他道謝，他明明拒絕了你，你卻跟他說「謝謝」，這樣對方會有一點罪惡感。

同時顧客也會認為「這個業務員很不錯」，對你產生好感。

即使被拒絕，還是能說「謝謝」，會有很好的效果。

我再強調一次，「謝謝」這句話是萬能的。因為人都會有「想被感謝」的習性。

不過，「謝謝」這句話並非只能使用一次。每次和對方見面，都可以視情況說「感謝您之前的幫忙」、「昨天真謝謝您」，說幾次都沒關係。

說得越多次，對方的心情就會越好。

人都會對認同自己的對象產生好感

至於其他聽了會覺得開心的話，另外一句話也很有效果。

就是「我也是」這句話。

對方說「我喜歡燒酒勝過日本酒」，你就回答「我也喜歡燒酒，好巧啊」。對方說「我喜歡看歷史小說」，你就回答「我也很喜歡歷史作品」。

人類有一種本能，就是「希望別人和自己有同感」。為了要滿足那種要求，「我也是」是最適合的一句話。

人會對和自己個性相似的人、認同自己意見的人產生好感。這在心理學稱為「類似性」。即使是說謊，也要說出「我也是」，這樣事情會比較順利。

口才不好的業務員，應該要特別強調這種類似性。這樣對談會變得比較順利。

★成為銷售高手的法則㉙

被人拒絕的時候說「謝謝」，這麼做可以博得對方的好感。

30 一開始先讓對方認同「小事」

讓不打算買東西的人，轉變成不得不購買的心理戰術

有一次經過一家男裝店，店家的櫥窗裡展示了一件休閒外套，我有點喜歡，就停下來看了一下。

店員走過來對我說「店裡還有其他顏色，您要不要進來看一看」，我心想進去看看好了，於是便走進店裡。

「請您試穿看看。」店員建議我試穿，我就依照店員的指示，站在鏡子前試穿，接著店員又拿了其他顏色的衣服要我試。

我很喜歡其中一件，店員說「還是這件休閒外套最適合您」，我也有同感。

店員又說「這件外套現在是促銷價格，所以可能很快就斷貨了」，聽到他這麼說，我也覺得「現在不買，以後可能就買不到了」。

結果，不知不覺就買下了原本沒打算買的休閒外套。

只要接受一次，就會接受第二次

這是基於什麼樣的心理作用呢？

人類的行動有一種「一貫性」，只要接受一次，就會接受第二次。剛剛說的買外套的例子，就是因為這種心理作用。

「您要不要進來看一看」接受對方的提議，「請您試穿看看」也答應對方，接著「這件外套請您也試穿看看」又答應，答應每一個要求，最後就會答應購買。

店員說「很適合您喔」、「現在買最划算」、「很快就會賣完了」，就可以吸引顧客購買。

人類只要「關心」某一件事，就會一直注意那件事，這在心理學上稱為「水路連接現象」。

購買外套的例子也是這樣，「試穿」之後，會很「關心」這件衣服，產生水路連接現象。「試穿這麼多次，不買會很不好意思」，最後就會有這種心理效果。

從「小事」變「大事」

業務員也可以巧妙運用這種心理效果。各個業界的優秀業務員洽商時，都是先從無關緊要的閒話開始聊起。即使是閒話家常，也要選擇會讓對方認同的內容。

要先讓對方覺得「ＯＫ」，再看時機切入原本要談的主題。

這種水路連接現象可以運用在各種狀況。例如想拜託別人做「大事」時，可以先拜託他做一件很容易完成的「小事」。等到對方完成小事之後，再拜託他原本希望他做的大事。

完成了小事之後，就產生了水路連接現象，對方會認為「之後也能順利完成」。重點是要先完成「小事」，產生水路連接現象之後，再挑戰「大事」。

★成為銷售高手的法則㉚

洽商時先閒話家常，再看時機切入主題。

31 最想說的話，留到最後再說

最後聽到的話，印象最深刻

「這個人的工作能力很強，但是比較沒有耐性」和「這個人雖然比較沒耐性，但是工作能力很強」這兩句話，哪一句給人的印象比較好？

「這個產品的品質很好，但是價格很貴」及「這個產品雖然貴了一點，但是品質真的很好」這兩句話，哪一句給人的印象比較好？

當然是後者給人的印象比較好。

因為最後聽到的話，印象最深刻。這在心理學上稱為「終末效果」，這種效果也常出現在日常生活之中。

例如，和朋友吃完飯，要離開的時候，對方說：「你的臉色看起來不太好，是不是哪裡不舒服？要保重身體喔……」聽到這種話，心裡就會很在意，所以回家的路上會一直擔心「自己是不是真的哪裡有問題」，這就是離開時的「終末效果」。

重要的話留到最後再說

業務員向上司報告事情的時候也是這樣。例如：「這個價格應該沒有問題，不過，我們的競爭對手也不容小覷，不知道會有什麼結果。」這樣跟上司報告事情的進展，上司可能會生氣「你這麼膽小，怎麼做事」。應該要換種方式表達。

改說：「對方的確很強，但是，絕對沒問題，我一定會讓客戶簽約。」

重要的話留到最後再說。「如果結尾好，全部都好」，這是發揮終末效果的技巧。

讓對方說話

心理治療常會用「聆聽」這種方法，在心理學上稱為「接納的技術」。「原來如此」、「這樣啊」、「後來怎麼了」，只是聽對方說話。總之，讓對方盡情說個夠。

業務員也可以運用這種技巧。假設有個客人覺得「不要買新車，繼續開舊車比較划算」，一般業務員會說「如果車子開壞了，折舊率會提高，這樣很不划算」，推薦顧客買新車。

不過，汽車銷售高手佐藤先生卻會說「您說的對，也許車子真的是開越久越划算」，先接納對方說的話，先不要反駁，要說「原來如此」、「沒錯」接納對方的意見。

讓對方說完他想說的話，順著他的話聊，再想辦法讓對方改變心意。

口才不好的業務員，要仔細聽對方說話，讓對方自我滿足。最後讓顧客自己覺得「與其把車子開壞，不如換一台新車」。

業績好的業務員，其實都是不輸給心理醫生的「心理學家」。

★成為銷售高手的法則㉛

先聽對方說話，最後再推薦商品，對方就會想購買。

32 利用傳接球談話方式，了解對方的想法

為什麼對方反應冷淡？

身為業務員的你，拚命想跟對方商談，但對方卻表現出一副興致缺缺的樣子。你急著找話題，希望引起對方注意，可是對方的反應還是很冷淡。

這是因為你跟對方的談話沒有「傳接球」，言語的傳接球，是商談中最基本的原則。

要建立言語的傳接球關係，要確實接住對方投出來的球（話題）才行。先仔細聽對方說話，了解對方的意思。不過，口才好的業務員常會忽略顧客的真

正感受，自顧自地說個不停。

因為說話沒有重點，才會沒有效果

如果不能掌握對方真正的想法，不管你說再多，還是無法抓住對方的心。為了了解對方的想法，要先當一個好聽眾。仔細聽對方說話，研究對方是不是有什麼要求，或是考慮預算問題，了解對方真正的想法，再回應對方的話。

一個人無法完成交涉，要有對象才能交涉。注意對方的反應，並適時回應，才可稱為交涉。

對方反應冷淡，是因為你投了很難接的球（話題），表示你講的話沒有重點。

洽商時，必須讓對方清楚了解商品的魅力。有個方法可以讓對方認同的商品，就是盡量用客觀的表現方式表達。有些業務員會說「這個商品很棒」、「這個商品很受歡迎」，這樣都不合格。這種形容方式，不論重複幾次，都無法說服對方。

也許商品真的很不錯，但這種形容不夠具體。如果不客觀、不夠具體，對方不會接受的。

透過數字表達，就可以一目了然

具體又客觀地表達，其優點是不會有自己的主觀意識。最具體化的表現方式，就是透過「數字」來說明。

與其跟對方說「這個商品的銷售數量成長了很多」，不如用具體的數字說「這個商品在六個月內成長了三十五個百分比」，這樣比較有可信度，也可以加強說服力。

此外，與其他競爭對手相比的時候，運用數字也很有效。用數字具體表達「N公司的商品賣四十八萬元，但相同的產品，本公司只賣四十三萬元，便宜了五萬元，可以幫您省下百分之十五的流動資金」。

像這樣比較，對方就能一目了然。而且，透過具體的數字來表示，比較有可信度，不會模糊不清。

口才不好的業務員，要好好善用數字。

★成為銷售高手的法則32

不能一個人自顧自地說話。

要聽對方說話，了解對方真正的想法。

33 不只是優點，最好也能將缺點誠實說出來

讓顧客覺得你是「願意說出缺點的正直業務員」

業務員向顧客介紹商品時，通常有兩種方法。

第一種是只介紹商品的優點，不說缺點。

另一種則是，介紹商品的優點，也會說明缺點。

銷售員希望能將東西賣出去，通常只會介紹商品的優點，不說商品的缺點。因為擔心讓顧客知道商品的缺點，商品就會賣不出去。

不過，以顧客的立場來看，聽到對方只是流暢地說明商品的優點，一定會

產生反感，心中會懷疑「對方只說好話，一定是想隱瞞缺點」。

因此，如果優缺點都說明，顧客會覺得你是「願意說出缺點的正直業務員」。

「這位業務員是正直的人，他說的話應該都是真的」，顧客會相信你。

若是只說商品的優點，有時會引起顧客的反感

若只是一味說明優點，對方會覺得像強迫推銷。如果一併說出缺點，會讓顧客覺得「這個業務員了解客人的想法」，而願意相信你。

我再說一次，同時說明優缺點，比較容易得到對方的信任。

尤其是面對容易懷疑的人，或是對自己的判斷很有自信的人，同時說明優缺點會比較好。因為這類型的顧客，通常不會隨便聽信他人，會自己判斷。所以，若只說明商品的優點，有時會引起顧客的反感。

當然也有例外。有些人會直接接受別人說的話。因此，面對容易相信他人

或是判斷力較弱的顧客，只說明商品的優點，會比較有效。

另外，面對原本就想購買商品的顧客，沒有必要特地說明商品的缺點。只要介紹商品的優點，推薦顧客購買。

只說明優點，或是同時說明優缺點，必須要視使用的時機、場合及對象而定。

了解對方真正的想法，再表達自己的想法

不管怎麼說，講話的方式還是因人而異。有些人可以確實表達自己的想法，有些人則不擅言詞。不過，還是有說話的標準方式。

比如說，要糾正對方的錯誤時，最好不要劈頭就說「你錯了」。因為你一反駁，對方也不會認輸，又會加以反駁。如果是國會的議論或電視上的討論節目，那樣倒是沒關係，因為辯論得有意義。

不過，業務員卻不能和顧客爭辯。不能反駁說「這位客人，您錯了」，而

是要先接受，「的確也有那種說法」。

說服對方的標準方式，就是先聽對方說話，了解對方真正的想法之後，才冷靜地說出自己的想法，讓對方認同。

口才不好的業務員，要把傾聽對方的想法當成武器。

★成為銷售高手的法則㉝

商品的優缺點都要說明，對方才會相信你。

34 在談話之中提及對方的名字

如果對方沒有注意聽你說話，該怎麼辦呢？

你正在說話，有些人會表現得很冷淡，這種對象，你該如何應對呢？

每個人都最重視自己，而名字是自己的象徵，所以，一聽到別人叫自己的名字，就會有很大的反應。

因此，如果對方不專心聽你說話，就要多提他的名字。

比如說在同一個樓層工作，大家都很忙的時候，你說「有沒有人可以幫我」，你說「有沒有人」，所以沒有人會幫你。

不過，如果你指名道姓說「田先生，請你幫我個忙」，田先生就會過來幫你。

有事想要請別人幫忙的時候，記得叫對方的名字，引起他的注意。

不要稱呼對方的職稱，要稱呼對方的名字

說話時，如果對方沒有反應，加入對方的名字會有很好的效果。

不要稱呼公司的名稱「○○建設」、「○○公司」，要稱呼「橋本先生」、「石川先生」這種個人的名字，這樣會比較有親切感。

與其問「貴公司覺得如何呢」，還不如直接問「鈴木先生您覺得如何呢」，這樣比較容易喚起對方的關心。

第一次見面，交換名片的時候，大部分的人都會將注意力放在對方的頭銜上，很少人會記住對方的名字。

記住對方的名字，是建立人際關係的第一步。

平常在公司裡，習慣直接稱呼職稱「部長，關於這件事」，因此，到客戶的公司拜訪時，最好還是說「部長您說的是」、「貴公司」，用這種方式跟對方說話。

你必須負起所有責任

像這樣稱呼公司名稱以及職稱，表示重視團體勝於個人。

交易時是公司對公司，自己只不過是公司的一個員工而已，因此，責任的歸屬變得模糊不清，一般認為即使以後出事，責任會歸咎於公司，不會追究個人。

在商務對談中，是個人與個人之間的對話。雖然有公司的「招牌」為靠山，但是你必須負起所有責任。必須有這種認知，才能建立信賴關係。

和客戶第一次見面，交換名片的時候，一定要記住對方的名字，在對話中稱呼對方的名字「阿部部長」。這樣對方會比較有親切感，也比較不會有警戒心。

好朋友之間，平常也都是直接叫名字，例如「喔、加藤，精神很好喔」、「今晚一起吃飯嘛，市川」，這是親切感和信賴關係的象徵。

口才不好的業務員，要經常叫出對方的名字，吸引對方的注意，拉近彼此的距離。

★成為銷售高手的法則34

記住對方的名字，直接稱呼名字，可以引起對方的注意。

第 4 章

脫離危機的心理戰術

35 顧客提出意料之外的問題，千萬不能慌張，要先爭取時間

懂得回覆：「可以請您再說得清楚一點嗎？」

進行商務對談時，說明完之後，有時候客戶會突然提出意料之外的問題：「對了，我想請問一下……」

此時，如果業務員驚慌失措，就是不合格，若是跟對方說「不好意思，我再查查看」，商談就無法繼續下去，所以不能慌張，要先爭取一點「時間」。

比如可以回覆：「不好意思，希望您再說得清楚一點……」

這樣可以爭取到時間思考，也可以改變問題的角度，能回答得比較順暢。

另一種方法是再重複一次對方的問題。

例如「關於付款條件吧，○○先生的希望是○○吧」，直接再重複一次。

先說：「或許我的答覆沒辦法使您滿意，但是……」

也就是說，先將難纏的球（問題）判定成「壞球」，讓對方再投出不同的球（問題）。換一個問題，或許就能順利回覆對方。

若是被問到難以回答的問題時，要怎麼辦呢？

這時候要事先強調「或許我的答覆沒辦法使您滿意」，然後回答與問題沒有直接關係的內容，打個界外球（問題）。

先說了「或許我的答覆沒辦法使您滿意」，再避開話題，所以不算是正式的回答，因此，不可以太常使用這個方法，要在無計可施的情況下才能使用。

還有另一種方式，對方提出了難以招架的問題時，不要緊張，先點一根煙，爭取一點時間。如果沒抽煙，可以將眼前的咖啡或茶拿起來慢慢喝，爭取

「時間」。

總之，最重要的是表現得很沉著穩重，再利用剛剛提到的方法，避掉對方的問題。

一定要先想辦法轉移焦點，總比焦慮不安，讓人覺得無法信賴還好。

「YES・BUT的說話方式」有很大的缺陷

應酬式的對話中有一種「YES・BUT的說話方式」。

先肯定地說「您說的對」，解除對方的心防，接著才再說「但是」反駁對方。

這種說話方式能有什麼效果，令人存疑。因為「但是」是批判性的語言，剛剛還說「是、沒有錯」讓對方覺得很滿意，卻又馬上反駁說「但是」，對方當然也會覺得「我怎麼能輸」而反駁。

雖然如此，但洽商時也不能一直說「YES」，必須要在適切的地方運用

「但是」這個詞。

而且要搭配「然而」一起使用。回答「您的想法沒有錯，然而還有這種考量」，這樣對方聽起來會比較順耳。口才不好的業務員，記得要巧妙運用「然而」這種說話技巧。

★成為銷售高手的法則㉟

無論如何，都要沉著而委婉地回應對方。

36

面對喜歡反駁的顧客，要善用「標籤效果」

想反駁「錯的人是你吧」的時候

若是對方說「你錯了」的時候，大部分的人應該都會氣憤地反駁「錯的人是你吧」。

這種反駁就像「火上加油」一樣，對方一定還會繼續猛烈反駁。互相反駁，最後雙方都會生氣，一旦處理不好，也有可能從此不相往來。

因此，交涉的時候，絕對不能這樣「反駁」。

想反駁對方的時候，一定要先忍住，要先試著接受對方的話，即使是謊話也好，先說「您說的對」，對方的情緒也會比較和緩。

情緒和緩之後，攻擊的能量也會「熄火」。這樣對方也會變得比較冷靜，才會專心聽你說話。

顧客說「這個商品的價格太高了，我不能接受」，你該怎麼辦？

業務員聽到顧客說「你們公司的商品價格太高了，我不能接受」。

如果你馬上生氣地反駁，就是不合格的業務員。別反駁對方，要回答「您說的對」，暫時接受對方的意見，讓對方的攻擊矛頭轉向其他的地方。

接著再補充說「和其他公司的同型產品比起來，價格是比較高，但是可以幫貴公司省下25%左右的管理費用，也可提升35%左右的效能，輕便不佔空間，售後服務也很完善……」等等，把商品的優點告訴對方。

必須讓顧客了解，雖然價格比其他公司的同型商品貴，但是商品各項功能卻都優於對手，讓對方也認為這是很值得購買的商品。

如何應付喜歡反駁的顧客

不管你說什麼，都會反駁的人，應付起來會特別棘手，特別是當對方是生意上的顧客時。

業務員最基本的條件就是「不能與顧客爭辯」。若是反駁顧客說的話，一定會失去顧客。

一定會有性格頑固又不喜歡聽從他人的客戶，不能跟這種客戶正面衝突。面對這種顧客，要善用心理學上的「標籤效果」。

例如「反正你一定聽不懂」、「反正你一定會拒絕，我還是不要說好了」等，將「反正一定不行」的「標籤」貼在對方身上。

人類的心理真的很有趣，一旦被別人認為是「老頑固」或「外行人」，一定會很想否認。自己絕對不是「外行人」，為了表示自己也很了解，會專心聽對方說話。

這種標籤效果，有很大的威力。口才不好的業務員，一定要活用這樣的標籤效果。

★成為銷售高手的法則㊱

不能與顧客爭辯，暫時先接受顧客說的話。

37 利用「反覆效果」讓對方說出YES

一開始說的「NO」，未必是對方的真心話

想拜託別人幫忙的時候，可以運用技巧讓對方答應。

這個技巧就是「反覆效果」。

例如，向喜歡的女生（男生）告白之後，卻遭到拒絕，大部分的人可能會因此放棄。

因為「告白之後被對方拒絕，如果繼續窮追猛打，好像會很煩人」，因此退卻不前。

其實對方的心理不一定是「絕對NO」。

說不定那一天對方剛好有其他的事，才會拒絕。或是那天對方剛好身體不舒服，所以才會拒絕。有時候是因為其他的原因，對方才會說「NO」。

讓對方覺得「這是真心的」

某個人突然對你說「我喜歡你」，不過，你並不清楚對方說的「我喜歡你」，是什麼程度的喜歡。到底是隨便說說或半認真半開玩笑，不知道對方真正的想法。

所以，你拒絕了「我喜歡你，請和我交往」的告白，對方被拒絕之後，因為灰心而放棄。你看到對方放棄，就會覺得「什麼嘛，才被我拒絕一次就放棄了，果然不是真心的」。

假設對方還是一直跟你告白，你就會覺得「這是真心的」。這就是前面說的「反覆效果」。

電視廣告反覆播出幾次之後，會覺得很熟悉。這也是運用了反覆效果的緣故。

像這樣一直反覆動作，持續幾次之後，對方也會認同。

第一次告白的時候，對方總是「半信半疑」

剛剛「我喜歡你」的告白話語，第一次說的時候，對方一定覺得「半信半疑」，接二連三的告白之後，對方會覺得「這是真心的」而接受。「既然這樣，我就跟你交往吧」，一對快樂的情侶就誕生了。俗話說「窮追猛打是戀愛成功的關鍵」，其實這句話不限於「談戀愛」。

德國總理希特勒說過「為了要讓大眾和我站在同一陣線，必須不斷透過言語告訴群眾」，後來德國國民全都與他站在同一陣線。

業務員在交涉和勸說的時候也是如此，即使被對方拒絕了一次，也不可以放棄。繼續堅持下去，一定可以獲得對方的認同。這麼做可以讓對方印象深刻，可信度也會增加。

表示過一次，對方沒有說「ＹＥＳ」，就要使用反覆效果這種「武器」。從屋頂落下的一滴雨滴，也許無法引起很大的變化，但是滴水最後一定可以穿石。

即使口才不好、講話不流利，「反覆效果」也是很有用的武器。

★成為銷售高手的法則37

要讓對方認同你，必須一直持續下去。

38 用「紓解效果」解決客訴者的不滿

讓顧客抒發完怒氣，可以消除90％的不滿情緒

百貨公司、銀行、大型化妝品公司、大型家具製造商之類的服務業，大概都設有「客訴處理專員」。

這種專員幾乎都是性情敦厚的中年男女，要專心傾聽顧客的抱怨，最好由這種處事圓滑的人負責。

來客訴的客人，通常都會大聲怒罵。除了忍耐顧客的怒氣，還要仔細傾聽，這就是客訴處理專員的工作。

人類的心理真的很不可思議，只要盡情說出想說的話，把怒氣抒發出來，心情就會很舒暢。根據實驗資料顯示，抒發完怒氣，可以消除90％的不滿情緒。

讓對方盡情說出想說的話

心理學上稱這種效果為「抒解效果」，雖然問題沒有解決，但是「抒發」之後，對方會覺得事情好像解決了。

就是因為這樣，要讓顧客盡情說出他想說的話。扮演好傾聽者的角色，是一種消除顧客怒氣的高明心理戰術。因此，若是對方正在氣頭上，你也不認輸地跟對方爭執，是很不明智的事。

例如離婚訴訟或調停的時候，發脾氣的一方比較不利，被怒斥仍會靜靜傾聽的一方，會比較有利。忍耐的樣子會讓調解人員和法官留下好印象。

輪到自己發言的時候，冷靜表達自己的意見，這種作法比較明智。這些都是我從幾位律師那邊聽來的「實戰」技巧，這種技巧也可以應用在推銷上面。

業務員的鐵則之一就是「不能與顧客爭辯」。絕對不能和氣憤的顧客起衝突。

如果那麼做，對方會說「你怎麼可以這樣對顧客說話」而變得更生氣，最後就會失去這位顧客。

暫時先讓步說「日後會好好檢討」

假設會議中有人說了破壞氣氛的爆炸性發言，如果你是議長，你該怎麼處理？

有一種順利處理的方法。例如「剛剛你說的事非常重要，是往後要花時間好好檢討的問題，但是今天就先討論到這裡吧」，轉移這種爆炸性發言。

重點是「日後會好好檢討」，答應「日後一定答覆」，對方就會接受。

為了緩和對方的情緒，說「日後」，暫時先讓步，讓對方平緩下來。如果善用這種心理戰術，洽商就會很順利。

口才不好的人，本來就該扮演好傾聽者的角色，所以就能活用這種心理戰術。

★成為銷售高手的法則㊳

讓客訴者盡情說出想說的話，抒發完怒氣，可以消除90%的不滿情緒。

39

突然有急事的時候，要先告知對方

先跟對方說明「我只能跟您談十分鐘」

有些人在與人談話的時候，不專心聽對方說話而且中途離席，非常沒有禮貌。

雖然知道這一點，但有時候還有其他事情要處理，就無法仔細聽對方說話，坐立不安。有些人甚至看起來很慌張，這樣都很失禮。不想失禮的話，應該怎麼做？

這種時候最好「事先」告訴對方。

比方說，顧客來公司拜訪。見面聊了一下之後，你突然有一件急事，必須外出處理。

這個時候，一定不好意思跟專程來訪的顧客說「我現在必須外出」，因為不知道該怎麼說，顯得很焦慮。其實這樣焦慮不安，反而更不禮貌。

與其這樣焦慮不安，還不如先把話說清楚「實在很抱歉，我突然有急事，只能與您談十分鐘左右，不知道有沒有關係」。

這樣對客人比較有禮貌，說完之後也要主動提議「之後的問題，我可以透過電話向您請教嗎」或是「可以改天再約個時間嗎」。

聽到你說「真可惜」，對方心裡會覺得很舒服

要表現出「這一次真的很抱歉，改天再找個時間好好聽您將話說完」的感覺，這樣才不會破壞對方的心情。

到了要離開的時候，再向對方道歉「真的很不好意思，時間已經差不多

了。我很想繼續聽您的意見，真可惜」，表現出不能與對方繼續談話的遺憾。

對方聽到你說「真可惜」，就不會有厭惡感，因為自己的話受到尊重，所以心裡也會覺得很舒服。

時間受到限制，對話反而比較有內容

時間受到限制，還有另一種好處。因為「時間受到限制，時間不夠」，對話反而比較有內容。

而且，因為「時間用完了」，就可以直接約下一次見面的時間。

不過，有些人聽到「時間不夠，改天再談」，也會覺得很生氣。因此要在一開始的時候，就明確告訴對方說「我沒有時間」。只要清楚說明，感覺「你好像真的很忙」，對方也會諒解你的狀況。

這時的重點就是要說「下一次我一定會好好聽您把話說完」，讓對方安心。例如「明天下午三點以後，我都有時間」，具體地把自己能空出來的時間告訴對方，一定要衷心地表示歉意。

此外，業務員大多應該配合顧客的時間見面，若是對方說「沒時間」的時候，一定要站在對方的立場想一想，再回應對方。

★成為銷售高手的法則㊴

沒時間的時候，一開始就要明確告知對方，並且約好下一次見面的時間。

40 客戶問題的處理是建立信賴關係的好機會

讓對方感受到你「專程前來處理問題」的誠意

業務員上遭遇問題是司空見慣的事。只要是人都會犯錯，要知道錯誤及問題發生時的處理要訣。

要有「迅速的應變措施」。問題發生時，要第一時間趕到現場掌握情況，接著冷靜思考解決的辦法。業務員是公司的「門面」，客戶發生問題，要暫時放下手邊工作，立即前往了解情況，這是業務員的基本原則。

有人透過電話處理客戶問題，但這不是一個好方法。通常與客戶直接面對面溝通，才能有效解決事情。讓對方感受到你「專程前來處理問題」的誠意。

解決問題最忌諱以電子郵件回應，如前面所說，面對面溝通比較容易達成協議。而透過「沒有表情」的電子郵件來處理顧客的問題，只會讓對方更不滿。

查明客戶生氣的原因

面對要求賠償的客戶時，必須接受對方的怒氣，不要隨便找藉口敷衍。忍住想反駁的情緒，聽對方說完想說的話，查明客戶生氣的原因，接著了解對方真正的想法，迅速採取因應對策。

一定要注意，不能將責任推給公司其他部門。

畢竟業務員是公司的門面，也是直接跟客戶溝通的橋樑。客戶會認為，業務員的態度就代表公司的態度。

即使公司員工或技術部門出了差錯，但對客戶而言就是「整個公司的問題」，也會將問題歸咎於代表公司的業務員身上。所以，業務員必須代表公司，扛起一切責任，有效地解決問題。

人在「緊急時刻」，通常會展現「最真實的面貌」

發生問題不一定是缺點，也會有收穫。

妥善處理問題，可以強化與客戶之間的關係，就是所謂「患難見真章」。

對業務員而言，處理客戶問題可以磨練自己，也是建立信賴關係的好機會。

解決了客戶問題之後，要再次登門致歉。那時必須查明問題發生的原因，向對方報告查明之後的結果。有沒有可能再發生同樣的問題？如果可能再發生，應該採取什麼應變措施，這些都要一一對客戶說明。

人在「緊急時刻」，通常會展現「最真實的面貌」，問題發生時就是「緊急時刻」。

口才不好的業務員，在「緊急時刻」，必須有要誠意，好好展現自己，並利用這個機會，強化與客戶之間的關係。

★成為銷售高手的法則40

若是客戶發生問題，
要放下手邊工作，立即前往了解狀況。

41 要釐清「為什麼會遇到瓶頸」

遇到瓶頸的時候，別硬是跟客戶僵持

與客戶商談的時候，有時候會遇上無法突破的瓶頸。這時候千萬別硬是跟客戶僵持，要退一步思考。

因為人與人的交涉，所以會有個性合不合的問題。雙方的個性也會有影響，因此，若交涉一直沒有進展，有時候就要更換負責商談的人員。更換了負責的業務員，跟客戶比較合得來，事情就能進展得很順利。

有時也可以試著推薦不同的商品，說不定就能很快完成交易。不論用哪一種方式，都可以解決問題，讓交涉繼續進行。

要怎麼解決陷入僵局的商談，祕訣就是要先巧妙地退一步，這樣對方也會覺得比較輕鬆。

巧妙地退一步，下一次還可以繼續交涉。

商談失敗的時候，也要保持聯繫

這個很重要，釐清「遇到瓶頸」的原因，有助於以後的商談。價格面、商品面、業務員的交涉方式，究竟是哪個環節出了差錯？徹底找出問題的癥結。

後續追蹤也很重要。提到後續追蹤，大多數的人都以為這是商談成功後才需要做的事，但絕對不是那樣。商談「失敗」的時候，後續追蹤也很重要。

「前陣子謝謝您撥空聽我說明，很遺憾這次無法完成交易，往後如果有可以為您效力的地方，還請您多多指教」，可以寫這種明信片（傳真、電子郵件），繼續跟對方聯繫。

「從被拒絕的狀況下開始行動」是業務員的工作。失敗是下一次商談的基礎。在景氣很好的時代，客戶絡繹不絕，但是這種泡沫經濟，已經是過去的事了。

透過舊客戶的介紹來增廣人脈

現今是消費景氣低迷的年代。業務員的「誠意」就是「最佳賣點」。為了保住老主顧和開發新客戶，「交易結束就置之不理」是失職的表現，也很缺乏誠意。

包括最初的商談、交貨後的後續追蹤、解決客戶的問題，業務員必須面面俱到。有些公司的業務員不需處理客戶的售後服務問題，是交由其他人負責。即使是這樣，業務員也要盡量與客戶保持聯繫。因為商品賣出去之後，並不代表業務員的工作就結束了。

無論在任何業界，被稱為優秀業務員的人，都有一個共通點，就是能透過客戶的介紹開發新的客戶群。舊客戶的介紹，有很大的影響力。

即使是口才不好的業務員，只要拿出誠意與舊客戶維持良好的關係，就可以增擴人脈，前途也會無可限量。

★成為銷售高手的法則41

商談失敗後，找出確切的原因，並持續追蹤。

第 5 章

口才不好，所以要利用這種手法

42 與其唐突的業務拜訪，不如以「口耳相傳」方式增加客人

舊客戶的「推薦」威力驚人

大多數的業務員都是採取主動拜訪的方式來拓展新的客戶，自己開發新客戶，不借助舊客戶的力量。

有些舊客戶會介紹新的客戶給你，也有些舊客戶會向別人推薦你，這就是所謂借舊客戶的力量。

舊客戶的「推薦」威力驚人。他們會代替業務員，幫忙推展業務，這種「口耳相傳」的效果，比業務員挨家挨戶拜訪還有用。

說得更清楚一點，若是沒有舊客戶幫你介紹，你就是不合格的業務員。不合格的業務員永遠無法提升業績。

讓客戶覺得「這個業務員沒問題」

即使是業績很好的業務員，也要借助舊客戶的力量，這樣才能一直開發新客戶。

舊客戶的力量非常重要，請回想看看，自己有沒有忽略舊客戶。有些業務員為了開發新客戶，每天都挨家挨戶地拜訪，但是這樣漫無目標，實在很沒效率，而且也無法持久。因為挨家挨戶的拜訪，會讓別人產生反感，覺得「真是厚臉皮的傢伙，我才不要聽你這種來路不明的人說話」。

若是沒有確實建立好關係，對方也不會想幫你。

平時對舊客戶不聞不問，有求於人的時候才登門拜訪，這種業務員根本不及格。客戶不會聽這種業務員說的話，當然也不可能跟自己的親友推薦這個業務員。

口才不好沒關係，能讓客戶覺得「這個業務員沒問題」，對業務員來說，這就是最大的榮耀。

即使如此，日本人還是很講究義理與人情

日本人很注重義理與人情，若是工作時忽略了義理與人情，事情就很難發展得順利。

雖然有人主張廢除這些禮數，但是現在仍然要送年中禮、歲暮禮，也要招待客人，這也是因為日本人重視義理人情的關係。

若是業務員想借助舊客戶的力量，就要重視義理人情。如果平時有交情，客戶就很難拒絕你的請求。

因此，業務員常常去拜訪舊客戶，就是希望透過義理和人情的影響，建立良好的人際關係。

這種推薦式的業務推展，非常有效果，有些客戶甚至會當著業務員的面，打電話給其他人「○○業務員真的很細心，很會為客戶著想，人又很誠懇」。像這樣「口耳相傳」，就能增加客戶。

好好珍惜舊客戶，是業務員的要務。

★成為銷售高手的法則㊷

優秀的業務員會借助舊客戶的力量，不斷開發新客戶。

43 口才不好的業務員，試試看「ABC交涉方式」吧

與客戶交涉的過程中，加入一位「發言人」

與客戶交涉，有時會陷入僵局。在這種狀況下，若能在雙方之間加入「發言人」，對談就會很順利，就是活用「ABC交涉方式」。

商務對談技巧不純熟，口才又不好的業務員，很難跟對方說明清楚，而且有可能不小心偏離主題，反而很難令人信任。

這時候只要活用「ABC交涉方式」就好。

「A」＝Adviser，傳達者。

「B」＝Bridge，仲介者。

「C」＝Customer，顧客。

商務對談技巧不純熟、口才又不好的業務員，必須擔任「仲介者」，也就是「B」的角色，就是作為「A」（傳達者）與「C」（顧客）的橋樑。

「B」的表達技巧不純熟，所以不用自己發言，找經驗豐富的業務員「A」代為說明即可。因為「A」能掌握談話的重點，可以打動「C」（顧客）的心，所以可以交涉得很順利。

技巧不純熟的「B」，也可以在對談之中，觀摩前輩「A」流暢的交涉方式，學習商務對談的技巧。因為口才不好而不太擅長交涉的業務員，若能善用「ABC交涉方式」，一定可以很順利。

不會說話的公司目錄就能發揮威力

「A」這種「優秀的業務員」，通常也很會活用公司目錄及簡介。

商談這種事，業務員不一定要拚命地講話，不會說話的公司目錄和簡介，也能幫業務員推廣業務。

有時候目錄及簡介反而比業務員滔滔不絕的說明還清楚，因為公司目錄和簡介，都印著詳細的商品資訊。對方只要看過目錄就會了解，對方想詢問業務員的，只有目錄上沒有刊載的最新訊息。

因此，業務員只需看著目錄，回答對方的疑問、分享舊客戶的使用經驗就可以了。

不是只有推銷語言才會有效果

業務員不必認為每件事都要盡心盡力，商務對談才算成功。有時候公司目錄和簡介之類的宣傳品，比不負責的推銷語言更有效。

運用宣傳品的優點如下：

- 有視覺性的說明內容，可以避免聽錯。

・有圖片及說明，之後還可以繼續看。
・影印目錄和簡介影印，可以讓更多人看到。

以業務員的立場來看，不用口頭說明，對方也能了解。不是只有推銷語言才會有效果，請各位業務員要銘記在心。

★成為銷售高手的法則43

若能借助有經驗的業務員或宣傳品的力量，商務對談會進行得更順利。

44 選擇對自己有利的地點作為商談的地點

第一印象決定在「上半身」的打扮

想讓對方留下良好的第一印象，就要特別注意「上半身」的打扮。

為什麼上半身的穿著特別重要，因為對方最容易注意到你的「上半身」。

一般人不太會注意下半身。舉例來說，即使鞋子有點髒，但因為在腳下，對方不容易注意到。即使褲子有點皺，一坐下就看不出來了。

上半身則會引人注目。剛睡醒時的凌亂髮型、臉上未刮的鬍子、襯衫衣領的污垢和領帶的污漬……等，只要上半身有一點不整潔，很容易會被發現。

打理好自己的上半身，可以讓對談進行得更順利

因為上半身最醒目，所以上半身的整潔與否，也會改變別人對你的印象。

舉例來說，有些人坐著的時候，會把筆記本放在桌子下作筆記，這樣會讓對方留下不好的印象，這種偷偷摸摸的舉動，感覺好像在寫什麼不可告人的事。

如果希望讓對方知道「您說的話，我確實有在聽」，就要大方拿出筆記本，把記事本放在胸前的位置作筆記。

這樣會比較醒目，可以表現出「很重視對方說的話」的感覺。

要與對方約時間的時候，也要將錶舉到胸前的位置。一邊看著手錶，一邊和對方確認時間，「就是三個小時之後，五點四十五分左右吧」。

這樣可以強調你「很守時」的印象。

能抓住對方的心的人，通常會無意識地運用上半身給人的形象。口才不好

的業務員，如果能善用上半身的動作，交涉一定會很順利。

在自己有利的地點洽商

想讓洽商順利，還有一個祕訣。

就是把對方帶到自己的「地盤」交涉。

自己的「地盤」就是自己公司的辦公室，或是你常去的咖啡廳、居酒屋。在這種地方和對方見面，會很有效果。

因為在心理上，你會覺得自己是「主人」，在自己熟悉的店招待「客人」，會給對方心理壓力，這樣你會比較佔優勢。

奧運比賽也是一樣，在自己國家舉辦奧運，選手們的心理會比較佔優勢，因為可以在自己熟悉的地方比賽。

一到敵人的陣地，心理上會比較畏縮。在自己的地方作戰，對手的氣勢會比較弱。

這種心理戰術，也可以用在商務對談上。口才不好又不擅交涉的業務員，可以選擇在對自己有利的地方洽商。

「在某某地方見面吧」盡量找自己熟悉的地點，若是對方也說「什麼地方都可以」，那就更沒問題了。

★成為銷售高手的法則㊹

在對自己有利的地點洽商，交涉會更順暢。

45 站在「消費者的立場」，嚴格監督自家公司的產品

價格很便宜也不買的消費者越來越多

泡沫經濟時的拍賣會場，到處都擠滿了客人。與其說消費者是考量需求而買，倒不如說是因為「便宜」、「物超所值」而買。那是「消費即美德」的時代，「不買就吃虧了，先搶先贏，物超所值喔！」消費者被這種言語煽動，拚命搶購。

不過，泡沫經濟結束後，不景氣的現在，狀況完全不一樣。

最近的拍賣會場總是很冷清，現在的消費者，即使價格很便宜，也不見得

會購買。如果不是真正喜歡的商品，不會輕易購買。

泡沫經濟時期是以衝動購物為主流，但是景氣低迷的現在，消費者幾乎不會衝動購物。

不過，這不代表現在的消費者沒有購買慾，只是很難找到想買的商品而已。

若只想「賣」商品，反而賣不出去

因此，業務員一定要注意一點。

要站在「消費者的立場」來看自家公司販賣的商品，試著反問自己：會不會花錢買這種商品？商品值不值那個價格？

並非站在「賣方的立場」，而是站在「買方的立場」，這點非常重要。

業務員站在賣方的立場，只會想著「要怎樣才賣得出去」、「要怎麼賣商品」、「要如何賺大錢」。

泡沫經濟時代業績很好的業務員，現在還會幻想當年的情形，所以會認為「專業業務員可以賣掉賣不出去的商品，盡量賣」，這種想法已經落伍了。

這是自己想花錢買的商品嗎？

為了要賣出公司的商品，當然要思考銷售的方法。

但是，商品過剩、消費不景氣的現代，要改變思考的角度。一定要站在買方的立場，檢視自家公司的產品。

我再說一次，試著問自己「這是你願意花錢買的商品嗎」、「商品值不值這個價格」。

自家商品與其他競爭對手的產品相比，有什麼優點？有什麼缺點？要站在買方的立場來想這些問題。

接著再想「要如何讓公司的商品成為魅力商品」，業務員要好好回饋公司。

若是抱著「自己是個小業務員，跟商品企劃沒有關係」的想法，商品一定不會暢銷。

「這種商品應該要這樣改進」、「我想擁有這樣的商品」，如果員工能交換這類的意見，公司一定可以不斷成長。口才不好的業務員提出的意見，也是寶貴的意見。

★成為銷售高手的法則㊺

與其只思考「怎麼賣」，

不如思考「這是自己想買的商品嗎」。

46 交換名片的技巧

名片就像自己的「門面」

在整理交換過的名片時，「這個人是誰？」有時候會想不起對方的樣子。好不容易拿到的名片，就變得沒有意義了，但是，有個技巧可以避免這種情形。

交換了名片之後，在名片上註明對方的特徵，具體地寫下「見面的日期」、「地點」、「對方的特徵（體型、眼鏡）」。

不過，還是要注意一些事。雖然要記錄，但絕對不可以當著對方的面寫。

因為名片就像一個人的「門面」，如果粗心地在門面上寫字，等於是弄髒對方的臉，對方一定會不高興。

因此，對方看不到的時候才可以作筆記。為了避免忘記，要儘早記下對方的特徵。

之後再看到這張名片，就要想起對方的樣子，所以，名片要寫下可以很快想起「對方是什麼樣的人」的重點。

例如可以記「長得很像某位知名人物」，或是印象深刻的特徵。日後再拿出名片，就可以很快想起來「啊，長得很像○○藝人的那一位」。

利用「名片用完」的技巧

接著來談談「名片用完時」的對應方法。

對一個業務員而言，名片是推銷自己的「武器」。第一次和客戶見面時，如果沒有交換名片，就稱不上業務員。

不過，也可以故意不拿名片給對方，可以用在「想與這個人深交」或「想交易的對象」。

首先，故意說「真是不好意思，名片剛好用完」向對方致歉，再說「我明天會再把名片寄過來」。

接著立刻親手寫一封信，寄出自己的名片。這樣對方會對你印象深刻，雖然有一點心機，卻是口才不好的業務員可以善加利用的技巧。

收到的名片，要確實整理

基本上還是要隨身攜帶名片。

因此，名片最好不要只放在名片夾裡。可以分別放在記事本和皮夾裡，以備不時之需。

放在皮夾裡面的名片，只是預備用的。所以，千萬不要從皮夾裡拿名片交給對方，從隱約可以看到一萬元紙鈔的皮夾裡拿出名片，對方會覺得不被尊重，對你留下不好的印象。

無論如何，拿到別人的名片，一定要確實整理。根據名片上記錄的「個人資料」，以後還可以寫信（傳真、電子郵件）給對方。這麼做的話，日後的面談會比較順利。

★成為銷售高手的法則㊻

繼續跟交換過名片的人聯絡，日後的面談會比較順利。

47

因為看不見對方的表情，所以講電話時要格外注意！

一開始先簡單說出目的

打電話通常是唐突地打擾對方，不管對方多忙碌，都會被電話打斷，所以一定要體諒對方。

以商界來說，剛開始上班的時間通常是最忙碌的時候，應該避免在那時打電話，也要避開午休時間。

打電話的要訣是，一開始先簡單說出目的，絕對不能說「我的口才不好」這類的話。

應該說「我打這通電話，是想請教您，前幾天購買的商品合不合用」，或是「下星期想去拜訪您，跟您討論之後的行程」。

一開始說明自己打電話的目的，對方也比較有「心理準備」。雙方的對話也會比較順暢。

電話中談的內容，很快就會忘記

如果可能會講很久，最好先跟對方說：「百忙之中打擾您，真是抱歉，可以耽誤您十分鐘的時間嗎？」以獲得對方的諒解。

無論如何，在電話中看不到對方的表情，只能透過言語溝通，說完很快就會忘了。不知道對方是否了解了重點，因為只靠聲音傳達而已。

因此，對方是否真的了解，最後一定要再確認一次。

「三月十五日星期二，下午兩點三十分我會過去拜訪，屆時希望社長也能參加，這樣應該沒問題吧……」再次確認。不光是日期，最好也要養成確認星期幾的習慣。

「四月二十五日星期一，上午十點開始的部、課長會議要用的二十五份資料，請在四月二十日星期三之前送過來……」如果是這麼複雜的事，不能只透過電話聯絡，除了電話之外，最好還要利用傳真或電子郵件確認。

「○○部長出差了嗎？明天部長回來之後，希望他能回電給我……」有時就連這麼簡單的留言，也有可能會出差錯。

責怪傳達留言的人之前，應該要先反省自己的傳達方法，自己有沒有簡單說明目的，對方是否確實了解，有沒有再次確認。

對方不在的時候，要如何確實留言？

「○○部長出差了嗎？請您幫我留言給他……」要交代對方時，有一個重點。「不好意思，可以請教您的大名嗎？」要先詢問傳話者的姓名。

「我是總務課的金子，我會轉告他……」這樣傳話者就會確實傳達。為了避免因轉達留言引起問題，一定要詢問傳話者的姓名。

要找的對象不在，要由打電話的一方再打電話過去。基本上是這樣，不過，依據時間和狀況，不一定要由誰先打。有時候一看到留言，就要馬上回電話給對方。

無論如何，電話中只能透過言語表達，即使口才不好，也要將自己的想法確實傳達給對方。

★成為銷售高手的法則㊼

電話中只能靠聲音溝通，
所以要確認對方是否確實了解。

48 在電話中先不「推銷」，先讓對方感興趣

這種說話方式，會讓人覺得「急於推銷」，會被拒絕

電話簿和工商名錄裡的電話號碼，通常都只是代表電話。因此，要用電話接洽的時候，通常很難直接與負責人或社長等重要人物聯繫。一開始要透過接電話的人幫忙，才聯絡得到關鍵人物。

因此，一開始就要說：「我是○○公司的○○，百忙之中打擾您，真是不好意思，能不能請您幫我轉給社長呢？」

這樣對方馬上就知道你是想「推銷」，而大部分的社長通常都會告訴屬

下：「如果有人打電話來推銷，直接跟他說『社長出去了』。」

經濟不景氣的現代，大家都不喜歡「推銷」電話，所以很難與關鍵人物取得聯繫。

電話推銷應該要怎麼說呢？

應該要怎麼說呢？可以試著用以下的對話。

「我想請教一下，貴公司是否有使用○○相關的商品呢？」假設對方的答案是「是的，我們有」。

接著才說「我想請您幫我轉接那個商品的負責人……不好意思，我忘了自我介紹，我是○○公司的○○」，對方會說「請稍等一下，我幫您轉接負責的人」，這樣就可以順利聯絡到負責的人。

如果對方回答說「不、沒有使用」，就沒必要繼續說下去。只要說聲「打擾了」，再掛掉電話就好了。

若是你想找的負責人員接了電話，你該怎麼說呢？

有些業務員心想「怎麼可以錯過這個機會」，滔滔不絕地開始推銷。不過，說破了嘴，還是約不到對方的時間，對方不可能答應跟沒見過的人見面。

如果對方有一點感興趣的「跡象」，就應該這麼說

有些業務員沒有說明目的，就說「我現在人剛好在貴公司附近，想過去拜訪一下社長」，沒有社長會搭理陌生業務員的「拜訪」。

最初的一通電話，不可以跟對方要求約時間見面。只要打聽到負責人的部門、姓名、聯絡方式就可以了。

試探對方對自己想推銷的商品有沒有興趣，如果有一點感興趣的「跡象」，再問對方「本公司有發行與○○相關的免費資訊，應該可以提供您作參考，我想傳真過去給您，請問您方便嗎」。

用這種方法，大約有50%的負責人會回答「可以」，傳真過去之後，再打

電話跟對方聯絡，約時間見面。
電話推銷中，即使口才不好，只要肯下工夫，也會有成效。

★成為銷售高手的法則㊽

第一通電話先試探對方有沒有興趣。

49 讓商談更順利的時間設定技巧

先確認對方「能不能耽誤您三十分鐘的時間」

要跟對方約見面或洽商的時候，要先跟對方確認「您可以給我多少時間呢」，對方可能會回答「大概十分鐘」。

跟對方確認時間，是業務員的基本禮儀，尤其是在對方忙碌的時候。如果對方回答「我沒有太多時間」，就要略過閒話，直接進入主題。如果對方回答「有一點時間」，則可以稍微閒聊一下，再進入主題。

要跟對方約見面的時候，可以先設定結束的時間「能不能耽誤您三十分鐘的時間」，這樣也可以配合時間擬定策略。如果知道結束的時間，對方也不用擔心耽誤其他的事。

若是沒有確定結束的時間，對方會很不耐煩，「這個業務員什麼時候才要走啊？不能講得簡單一點嗎」。若是讓對方產生那種感覺，會破壞彼此的關係。

先設定談話結束的時間

口才不好的業務員，如果能善用「設定結束時間」的技巧，洽商一定會更順利。

在設定結束時間的時候，與其設定「到早上十點」或「到下午三點」這種整點，不如設定「到上午十點十五分」或「到下午三點四十五分」的時間尾數，這樣會比較有效。

設定「十五分」或「四十五分」，會覺得比較緊張。因此，若是設定好見面的確切時間，雙方都會注意不要超過時間。

尤其是與第一次見面的人見面時，要提早十分鐘左右抵達。有時候對方前一個洽談的對象會比較早結束，如果你比較早到，就可以馬上跟對方洽談。

幫對方貼上「標籤」，對方就照著「標籤」的形象行動

還有一個技巧，可以讓第一次見面的對象，依照你的步調行動。

例如希望對方盡快決定的時候，就要表現出「您行事真是果決」的樣子，在對方身上貼「行事果決」的「標籤」。

這在心理學上稱為「標籤效果」。為對方貼上標籤之後，對方就會照著標籤的印象行動。

若是老師或父母親給學生貼上「你是不良少年」的標籤，這個學生可能會走上歧路。

若是見面之後馬上說「您看起來真親切，這樣我就放心多了」，先貼上標

籤，對方就會表現得跟標籤一樣。

口才不好的業務員，如果能善用這種標籤效果，洽商也會變得很順利。面對第一次見面的對象，最好先將「您真是親切」、「你真是正直」之類的標籤貼在對方身上，再開始進行洽商。

★成為銷售高手的法則㊾

先決定會談結束的時間，依時間擬定策略。

50

「親筆寫的明信片」，比親自造訪三次還令人印象深刻

你一天平均寫二～三張明信片嗎？

跑完業務回到辦公室，你會寫一～二張明信片給客戶嗎？

大部分的業務員會說「我知道最好要寫明信片，卻沒有實際行動」。沒有實際行動，實在很可惜。

好不容易見到客戶，應該讓他們印象深刻。要加深印象，最好的方法就是寫明信片。

有句話說「書信是魔法棒」，不同的使用方法，可以讓書信發揮極大的效

果。

不管在哪一種業界，被稱為優秀業務員的人，一天平均寫二～三張明信片跟客戶聯絡。從當天拜訪過的客戶中，選出對商品有興趣的對象，用明信片與對方聯絡。

只要一張明信片，客戶的態度就會很不一樣

「上次承蒙您百忙之中撥空與我見面，真的很謝謝您。或許還有不周到和失禮之處，但今後希望能與您繼續保持聯繫。在此表達在下的問候之意……」

只要寫這種簡單的內容就好了，這樣就可以讓客戶印象深刻。

這麼做的話，以後要用電話跟對方約時間見面，也會很順利，見面時對方也會很尊重你。

跑完業務回到辦公室之後，要寫成日報，當天整理好客戶資料，寫明信片給反應比較好的客戶。

前人有言「一張明信片勝過三次拜訪」。

業務員也許會覺得，跑完業務回來還要寫明信片，實在很痛苦，字寫得不好看，也覺得很麻煩。不過，這個卻是往後是否能成功的關鍵。寫明信片給對方，下次再度拜訪時，對方的態度就會很不一樣。不僅拉近了距離，對談也會變得很順暢。

能不能忍受這一點點麻煩

沒有親筆寫過明信片的人，不會了解明信片的效用。只要花五十元，就可以讓以後的推銷變得很順利，這要有成功經驗的人才能了解。

或許有些人會覺得「打電話不是比寫明信片快嗎」，當然有些事透過電話就能解決。

但是，特地寫明信片才有誠意。這麼做可以拉近彼此的距離。

賀年卡或問候卡上面的文字，幾乎都是電腦列印的，連收件人姓名也都是電腦列印，公司DM也都是電腦印製的。

在充斥沒有感情的影印作品的現代社會，親筆寫的明信片一定會讓對方印象深刻。

能不能忍受這一點點麻煩，會有很大的差別。雖然大家都明白這種道理，但是卻很少人這麼做，所以這麼做會很有價值。

口才不好的業務員，可以把明信片當成武器。因為說話流利的業務員不寫，才可以突顯出你們的差異性。

★成為銷售高手的法則50

一張五十元的「手寫明信片」，可以改變日後的業績。

51 如果是「手寫的」傳單，一定會被注意到

普通的傳單，幾乎都是直接被丟到垃圾桶

即使是在ＩＴ盛行的現代社會，還是少不了傳單。不過不同的傳單，也會有不同的效果。開發新客戶的時候，應該好好利用傳單。

傳單的目的是輔助推銷。本來應該要親自一一拜訪所有的客戶，但是卻無法全部拜訪。尤其住得遠的客戶，更沒辦法過去拜訪，這時就可以用發傳單代替。

不過，一般人每天都會收到很多傳單，因此，如果是用一般方式寄送，往

往還沒拆封就會被丟到垃圾桶了。為了避免落得那種下場，業務員要下一點工夫。

最有效的傳單就是「手寫的」傳單。

或許會很花時間，而且很沒效率，但內容一定要手寫，住址最好也用手寫，不要用標籤貼。

只要下一點工夫，就可以提高對方閱讀傳單的機率

如果收信人姓名寫「○○公司啟」或「社長先生」，一定會失敗。想寄傳單給對方，一定要查清楚對方的姓名。

而且收件人一定要寫對方的完整姓名。

手寫的傳單，一定會比大量寄送的傳單更令人印象深刻。比較花時間，卻可以提高對方閱讀傳單的機率。如果不是明信片，而是裝在信封裡的傳單，最好加上親手寫的訊息。

在信封裡放問卷表也很有效，準備「小禮物」給回答問卷的客戶，為了感謝對方填問卷，親自帶著禮物前往拜訪。用這種方法，可以創造和客戶見面的契機。

推銷性的談話，留到後面才說

有時候會寄出傳單，請客戶參加展示會或參觀樣品。好不容易才邀請客戶來參觀，如果只讓客戶帶一本目錄回去，那麼太可惜了。

隔天要寫一張感謝函給來參觀的客戶，除了感謝函，還可以打電話或傳真跟對方聯絡，跟對方保持聯繫。

如果是看了傳單來參加展示會的客戶，代表客戶對產品很感興趣。

雖然如此，也不可以馬上向客戶推銷。這樣太過唐突，會嚇跑對方。

介紹的時候，不要因為對方是「參加過展示會的客戶」，就用特別眼光看他。對方只是來參加展示會，「碰巧」對商品有興趣罷了。因此，這個階段還不能將對方視為「對公司很有興趣」。

把對方看成一般的客戶，說明公司和商品的特色就好了。這麼做的話，對方就會表現出好感。這時才是真正開啟了雙方交易成立的道路。

不管怎麼說，開發新客戶的方法就是，請重新檢視自己手寫的傳單，洽商要從哪裡開始。

★成為銷售高手的法則51

還沒拆就被丟到垃圾桶裡的傳單，如果改為手寫，效果會很不一樣。

編號	書　　名	作　者	譯　者	內　　容	頁數	定價
061	我把赤字變盈餘了	高塚猛	鍾雨欣	日本企業重建之神高塚猛不只讓企業轉虧為盈，還要讓企業在「堅持不裁員」改頭換面。	224	220
062	預購幸福—阮慕驊教你家庭理財聰明GO	張永河、黃裕業		本書不僅告訴你如何與上海人交手，更提供你上海最燙手的十大商圈，以及三十四種潛力事業。	192	240
063	新金融時代	劉宗聖、姜蕙文		企業環境可說無所不變，況且變化會比你想像中還要快。	328	400
064	上海投資創業Knowhow	DR.DONNABROOKS &LYNNBROOKS	王欣欣	21紀的女性為什麼需要這樣一本書？	224	240
065	公關π π走	蕭大衛		是一本略讀便可短兵相見、細讀則能不敗沙場的殺手級教戰手冊	208	220
066	女人想知道男人成功的10個秘密	阮慕驊		致富觀念方程式是：觀念決定態度，態度決定行為，行為決定一生的幸福	224	250
067	讀寓言學領導	東籬子		剖析領導者的八大智慧	320	300
068	智賣智誇	佩姬・克勞斯	夏荷立	在競爭激烈的商業世界，自誇是必要的，而不是一種選擇！	256	250
069	二次就成交	安東尼・帕里涅若	羅若蘋	競爭激烈的銷售業務，必須有訣竅才能在第二次完成交易。	272	280
070	女人獅子心	崔慈芬		女人應該自信女人應該在乎自己，因為自信的女人才是最美的女人。	272	240
072	誰說出版不賺錢	湯瑪斯・渥爾	鄭永生	本書引領出版人、企劃人，以及編輯人挑戰每年600億的商機。	368	380
073	BANG! 一鳴驚人	琳達・凱普蘭・薩勒等	楊謹忠	本書最主要的概念就是，要跳脫過去慣常的邏輯思維，深入觀察那些不被注意或想當然爾的地方，才能有爆炸性地一鳴驚人的創意出現。	272	280
074	元氣の目標管理	串田武則	鍾雨欣	以行銷、創新、人力資源、財務管理、實體資源、生產力、社會責任、利潤等八大管理目標，附錄實用的清單表格，加強讀者的目標管理觀念。	262	280
075	脫穎而出	黃達那（Dona黃）		作者多年輔導前一百大企業，具有豐富的實務經驗；提綱契領，為忙碌的企業人開啟自己的寶藏，挑戰任何關鍵時刻	304	300
076	丁予嘉教你投資技巧	丁予嘉		富邦金控首席經濟學家、富邦投信總經理丁予嘉博士，以經濟學者的專業素養、實務的投資市場經驗，為投資人規劃88堂實用的理財課。	288	320
077	REITs不動產投資信託	寶來證券國際金融部		本書由寶來證券國際金融部營運長，劉宗聖總經理領銜，帶領資深經理人針對全球最火熱的金融商品REITs的內容、各國REITs的發展做全方位介紹。	240	280
078	ETF指數股票型基金	劉宗聖、歐宏杰		投資人可以透過買賣指數股票型基金的方式，獲取與指數變化同步的報酬率，最適合穩健型投資人作理財佈局。	368	360
080	為什麼妳的錢不夠花	凡妮莎・薩莫斯	木　真	本書教妳如何控制開支、統籌儲備金、投資共同基金與股票，發揮金錢的最大價值。	192	260
081	富爸爸銷售狗－培訓No.1的銷售專家	布萊爾・辛格	張春波 張　疆	作者以幽默卻又實際的寫法，分析了銷售人員的各種特性與其跟五個狗種之間的相同之處。本書將幫助銷售人員，確定自己的品種，瞭解自己的強項，以去爭取最大的銷售額。	288	280
082	TAO氣人生	陶大偉		陶大偉除揭露20幾年來演藝生涯所遭遇的人情冷暖，也提及當初如何堅持夢想，並談到當初與太太私奔結婚而鬧上頭版新聞，還告訴讀者維持美滿婚姻的五字咒語。	288	280
083	夏韻芬的理財3規劃	夏韻芬		夏韻芬以多年來的理財經驗，將人生所會面臨到的成家、立業、退休，用第一手最直接、眾人最關切的方式，導入各個課題。	272	288
084	商道紅樓夢	翁儒林		《商道紅樓夢》以《紅樓夢》裡榮寧二府盛衰的故事為鑒，由個人的生存技巧到整個企業必須面臨的挑戰，一步步引導讀者體悟其中所蘊含的道理與啟示。	304	280
085	富爸爸商學院	羅勃特・T・清崎 莎朗・L・萊希特	李釗平 王　東	羅勃特・T・清崎在這本書裡提出了「人脈致富」的理念，強調這個理念中11大核心價值有助於人們在現金流象限中成為贏家。	240	260
086	台灣卡王0卡債	劉汶翰		透過本書，幫助每一位使用塑膠貨幣及身陷卡債、負債麻煩的人，給予他們還清債務的信心、經驗的分享和心靈的力量。	192	220